W0191215

Die Zeit ist reif ...

... für ein neues Fachbuch für Imker zum Thema Varroose. Die seit wenigen Jahrzehnten in Mitteleuropa durch die überall vorkommende Milbe *Varroa destructor* verursachte Bienenkrankheit trägt seit einiger Zeit einen neuen Namen: Varroose.

Diese Namensänderung ist kein Grund ein neues Buch über die Varroamilbe und ihre Auswirkungen auf das Bienenvolk zu schreiben. Andere Veränderungen der letzten Jahre rechtfertigen dagegen sehr wohl das Erscheinen dieses Buches.

Verluste von Bienenvölkern waren in den zurückliegenden Jahren ein Thema, das auch die große Öffentlichkeit erreicht hat. Diese Verluste lassen sich nicht monokausal erklären. Mehrere Faktoren haben eine Rolle gespielt. Ein Stressfaktor war allerdings nach Meinung vieler Experten von wesentlicher Bedeutung: die Varroose.

Veränderte Voraussetzungen verlangen moderne Bekämpfungsmaßnahmen

Die medikamentösen Bekämpfungsmaßnahmen haben über die Zeit seit dem ersten Auftreten der Varroamilbe in Deutschland bis heute wahrscheinlich zu einer Selektion bei der Milbe geführt. Einfache Behandlungskonzepte reichen seit einiger Zeit nicht mehr aus. Die erfolgreiche und nachhaltige Bekämpfung umfasst mehrere Module. Die sachgerechte Auswahl der Module sowie deren fachgerechte Umsetzung werden erleichtert, wenn man die Biologie von Parasit Varroa und Wirt Biene kennt und bei seinem Handeln berücksichtigt. Ein geschwächter Organismus ist anfällig gegenüber Krankheiten. Hier wären viele Mechanismen zu nennen. So z.B. hat die Pollenversorgung erheblichen Einfluss auf die „Robustheit" von Bienen und die Varroamilbe ist für neue Infektionswege von Viren verantwortlich.

Erfolgreiche Varroabekämpfung und Imagesicherung der Imkerei

Die Bekämpfung hat nicht nur die Ziele, das Nutztier Biene zu schützen und den Parasit Varroa zu töten, sondern ist auch aufgrund möglicher Rückstände von Medikamenten (Varroaziden) in den Produkten aus dem Bienenvolk – insbesondere Honig und Wachs – verstärkt in den Fokus geraten. In der Gesellschaft hat Honig dank seines Gesundheitswertes sowie seiner Reinheit traditionell einen hohen Stellenwert. Fehler und Verstöße beim Einsatz von Varroaziden können zu einem erheblichen und irreparablen Imageschaden führen. Erfolgreiche Varroabekämpfung und Imagesicherung von Bienenprodukten lassen sich durch die sachgerechte Anwendung von zugelassen Tierarzneimitteln gegen die Varroamilbe sowie imkerliche Maßnahmen zur Förderung der Bienengesundheit erreichen.

Möge dieses Buch viele aufmerksame Leser finden, auch unter denen, die überzeugt sind, dass sie bereits alles wissen.

Dr. Werner von der Ohe
LAVES Institut für Bienenkunde, Celle

Biologie der Varroamilbe, Diagnose und Schädigung der Bienen

Biologie der Milbe *Varroa destructor*
(Dr. Pia Aumeier)

Honigbienen und Varroa-milben – eine komplexe Beziehung

Seit Ende des 19. Jahrhunderts haben Menschen Honigbienenarten, die sich seit tausenden von Jahren ohne Kontakt zueinander entwickelt hatten, mit menschlicher „Hilfe" in Japan, Indien, Vietnam, China und Ostsibirien zu-sammengebracht. Doch diese Bienen waren nicht allein: In langer gemeinsa-mer Entwicklung hatten sich bis zu 30 verschiedene Milbenarten an ein Leben in „ihren" Bienenvölkern angepasst. Die meisten waren Saprophyten („Abfall fressend") oder Cleptobionten („kleine Mengen Vorräte stehlend"), acht Arten jedoch hatten sich auf südost-asiati-schen Bienen zum Parasiten (griech. parasitos = „Mitesser" gewandelt), da-runter die Varroamilbe auf der Östli-chen Honigbiene *Apis cerana*. Dieses Wirt-Parasit-Verhältnis war und ist „aus-

Namensgebung

Im Jahr 1904 wurde die Milbe *Varroa jacobsoni* von dem Forscher Oudemans benannt und beschrie-ben. Er hatte sie von Edward Jacobson aus Java zu-geschickt bekommen. 2000 entdeckte man (Ander-son und Trueman), dass es sich bei der inzwischen weltweit verbreiteten Varroamilbe vermutlich um eine andere Art handelt. Die Milbe *Varroa jacobsoni* kommt in Malaysia und Indonesien vor, während die Milbe vom asiatischen Festland *Varroa destruc-tor* benannt wurde. Die von der Varroamilbe verur-sachte Erkrankung der Bienenvölker „Varroatose" wurde in „Varroose" umbenannt.

balanciert", d.h. die Milbe lebt zwar auf Kosten der Bienen, diese werden jedoch meist nicht wesentlich geschädigt oder gar getötet. Vom Menschen ungewollt gefördert, eroberte der zunächst harm-lose Schmarotzer in den 1960er-Jahren neues Terrain: die Westliche Honigbie-ne *Apis mellifera* und damit vermutlich

Die heimische Ho-nigbiene ist gegen die Varroamilbe nicht gewappnet.

Links: Verkrüppelte Biene mit defor-mierten Flügeln.

Rücken- und Bauch-
ansicht der Varroa-
milbe (Weibchen).

Paarung zwischen
Geschwistern, oben
das Männchen.

Milbenfamilie. Oben (v.l.n.r.): noch nicht ausgefärbte
Tochtermilbe, zwei Milbennymphen.
Unten (v.l.n.r.): Männchen, Muttermilbe, weit entwi-
ckelte Tochtermilbe.

Arbeiterinnenpuppe
mit zwei aufsitzen-
den Varroamilben.

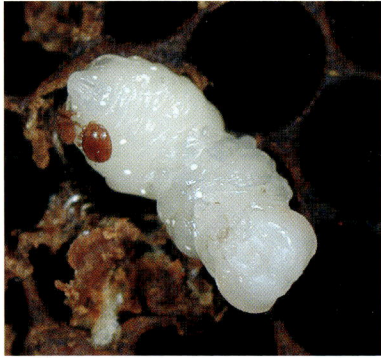

Diese Arbeiterinnen-
puppen wurden von
den Bienen ausgefres-
sen. Teilweise sind
Milben sichtbar.

bis auf wenige Gebiete in Zentralafrika
inzwischen fast die ganze Welt.

Anatomie und Vermehrung

Die Varroamilbe kann weder besonders
schnell laufen, noch sehen oder hören,
geschweige denn Beute jagen. Das hat
sie auch nicht nötig, denn sie verbringt
ihr ganzes Leben als Außenparasit auf
Honigbienen. Ein gefährliches Unter-
fangen, denn ihr Wirt bemüht sich, sie
loszuwerden. Doch die Milbe ist dagegen gewappnet.

▸ Aussehen und Lebensweise

Queroval mit den Maßen 1,1 × 1,7 mm
ist das erwachsene Varroa-Weibchen im
Verhältnis zur Körpergröße ihres Wirtes
einer der größten bekannten Außen-
parasiten. Hat sie sich einmal zwischen
die Bauchschuppen der Biene geschoben, ist sie aber trotz ihrer Größe kaum
noch zu sehen oder zu entfernen. Wie
eine flache Schildkröte klammert sie
sich fest, Klauen und Haftlappen an
den acht Füßen helfen ihr dabei. So
kann sie auch von fliegenden Bienen
nicht abstürzen. Ihr harter Panzer ist
dunkelbraun und wohl auch geruchlich
„getarnt", durch putzende Bienen wird
sie so nur schwer entdeckt.

▸ Ernährungsweise

Mit stilettförmigen Mundwerkzeugen
sticht das Spinnentier in die weichen
Häute, die die einzelnen Segmente des
Bienen-Hinterkörpers beweglich miteinander verbinden und nimmt immer
wieder kleine Blutmahlzeiten. Bis zu
neun Monate am Stück verbringen die
Milben in dieser „Trägerphase" auf den
erwachsenen Bienen. Zunächst wohl
nur zur Überbrückung längerer brut-

freier Zeiten in tropischen Klimaten, stellte sich dieses Festklammern im „Pelz des Löwen" als Grundvoraussetzung für das Überwintern in gemäßigten Regionen heraus.

Anders als etwa der aus dem heimischen Wald bekannte „Holzbock", der nach einer Blutmahlzeit mehrere Jahre ohne Wirt überlebt, stirbt diese Milbe isoliert selbst unter sonst optimalen Bedingungen nach nur etwa einer Woche. Von den Bienen getragen, erobert sie auch andere Bienenvölker, wenn ihr Wirt sich verfliegt oder in anderen Stöcken auf „Raubzug" geht. Ist Brut vorhanden, nutzt die Milbe erwachsene Bienen meist jedoch nur als Transportmittel innerhalb des Bienenstocks, um zu einer verdeckelungsreifen Bienenlarve zu gelangen.

▸ Vermehrung im Verborgenen

Varroa vermehrt sich ausschließlich in der verdeckelten Bienenbrut. Im Vergleich zu anderen Milben sind dabei Eireifung und Entwicklung stark beschleunigt, die Paarung ist zeitlich exakt abgepasst. Meist von Ammenbienen aus steigt die Milbe gezielt in geeignete Brutzellen ab: Arbeiterinnenlarven werden ab etwa 20, Drohnenlarven ab 50 Stunden vor der Verdeckelung befallen. Die Milbe erkennt sie am typischen Geruch, vielleicht beeinflussen aber auch Temperatur, Bewegung oder CO_2-Abgabe der Larven die Wirtsfindung. An Mundtastern und dem ersten Beinpaar, das wie Fühler hochgereckt getragen wird, sind entsprechende Sinnesorgane vorhanden. Im Zweifel verbleibt die Milbe auf der Biene, der Sprung auf eine zu junge Larve oder der Spaziergang über die Waben wären lebensgefährlich.

Gérard Donzé aus Liebefeld hat in durchsichtigen Zellen den Verlauf der Vermehrungsphase beobachtet. An der Bienenlarve vorbei drängt sich das Milbenweibchen in den am Boden der Brutzelle befindlichen Futtersaft, wo sie vor dem Zugriff brutpflegender Bienen geschützt ist. Ausgestülpte Atemschläuche bewahren die Milbe dabei vor dem Ertrinken oder Ersticken. Etwa sechs Stunden nach der Zellverdeckelung wird es noch einmal gefährlich: Die Bienenlarve hat den Futtersaft aufgefressen und beginnt mit heftigen Pendelbewegungen einen Kokon zu spinnen. Um nicht eingequetscht zu werden, hält sich die Milbe auf der Larve auf und saugt dabei Bienenblut (Hämolymphe). Die darin enthaltenen Eiweiße werden zum Teil direkt in die sich entwickelnden Milbeneier eingebaut – ein Zeichen für die starke Anpassung an die Biene.

▸ Vermehrung unter Zeitdruck

Bis zum Schlupf der Jungbiene bleiben den Varroa-Weibchen in Arbeiterinnenbrut nach der Zellverdeckelung nur 12, in Drohnenbrut 14 Tage Zeit für die Fortpflanzung. Wohl um Zeit zu sparen wird die Eireifung in der Milbe bereits beim Eindringen in die Brutzelle durch den Bienenlarvenduft aktiviert. Bereits 70 Stunden nach der Zellverdeckelung klebt die Muttermilbe das erste Ei in Deckelnähe an die Zellwand – dort ist es am besten geschützt. Aus diesem Ei wird sich ein Milbenmännchen entwickeln. Im Abstand von 30 Stunden folgen weitere vier bis fünf Eier, aus denen Milbenweibchen entstehen.

Die Eier sind erstaunlich groß, die Nachkommen in ihnen sind bereits weit entwickelt. Nach 36 Stunden schlüpft aus dem Ei die „Protonymphe". Innerhalb von nur sechs Tagen ist aus dem ersten Ei ein erwachsenes Männchen entstanden, eineinhalb Tage später schlüpft die erste erwachsene Tochtermilbe. Die gesamte Milbenfamilie saugt am Bauch der Bienenpuppe meist am selben Futterloch, denn ohne die mütterliche Hilfe können junge Milben (Nymphen) keine Nahrung aufnehmen.

▸ **Begattung der jungen Nachkommen**

Die weichhäutigen Milbenmännchen überleben außerhalb der Brutzelle nicht. Deshalb findet die Paarung nur innerhalb der verdeckten Zelle statt, bei Einfachbefall (eine Muttermilbe in der Brutzelle) also zwischen Bruder und Schwestern. Inzucht scheint für Varroamilben kein Problem. Meist wird die erste Jungmilbe, sobald sie erwachsen ist, am gemeinsamen Kotplatz in der Brutzelle bestiegen. Das Männchen schlüpft auf ihre Bauchseite, entnimmt aus seiner Geschlechtsöffnung ein Samenpaket und bugsiert es mit seinen röhrchenförmig umgewandelten Mundwerkzeugen in die Geschlechtsöffnungen des Weibchens. Um genügend Spermien für mehrere Brutzyklen in der Samenblase zu speichern, wiederholt sich die Paarung mehrfach. Sobald etwa einen Tag vor dem Bienenschlupf das nächste Jungweibchen erwachsen wird, beschäftigt sich das Männchen nur noch mit diesem, so verlassen letztendlich möglichst viele begattete Jungmilben die Brutzelle.

▸ **Vermehrungserfolg**

Wie viele Milbentöchter letztlich die Brutzelle verlassen, wird von verschiedenen Faktoren gesteuert. Die Dauer der Bienensaison und damit des Angebots an passenden Brutzellen, die Bienenrasse und das Geschlecht der Brut sind einige Einflussfaktoren. In Drohnenbrut wird meist ein höherer Vermehrungserfolg (Reproduktionserfolg) erzielt, im Mittel entstehen dort 2,6 erwachsene junge Weibchen. In Arbeiterinnenbrut sind es hingegen „nur" 1,4 Milbentöchter.

Als wüssten sie dies, bevorzugen Milben die Drohnenbrut zur Fortpflanzung. Verantwortlich gemacht für den dort bis zu achtfach höheren Befall wurden zunächst chemische Stoffe auf der Oberfläche der Larven. Doch vermutlich entsteht der hohe Milbenbefall wohl eher passiv durch die längere attraktive Phase oder die häufigeren Fütterungskontakte der Ammen zu den deutlich größeren Drohnenlarven.

Auf der schlüpfenden Jungbiene verlassen die Muttermilbe und ihre erwachsenen Töchter schließlich die schützende Brutzelle. Innerhalb weniger Stunden wechseln sie von dieser Jungbiene auf ältere Stockbienen. Ein kluger Schachzug, denn damit „entern" sie meist eine Ammenbiene und erhöhen so die Wahrscheinlichkeit, bald wieder an eine Brutzelle herangetragen zu werden.

Varroa – ein Parasit auf Erfolgskurs?

In *Mellifera*-Völkern befinden sich während der Brutsaison bis zu 80 % der im Volk vorhandenen Milben in der Bienenbrut. Jede Milbe zeugt zwei- bis dreimal Nachkommen, so entstehen jedes Jahr aus einer Milbe etwa 100 Milben. Die Milbenpopulation nimmt stark zu, besonders im Herbst kommt es zu

Mehrfachbefall: Mehrere Muttermilben befallen eine Bienenlarve. In Verbindung mit durch die Milbe übertragenen Krankheitserregern leiden die befallenen Jungbienen unter Missbildungen, verringerter Lebenserwartung und Verhaltensveränderungen. Westliche Bienen sind für Varroa ein „leichtes Opfer": Der Parasit scheint nicht auf langfristige Koexistenz, sondern auf kurzsichtige Erfolgsmaximierung zu setzen. Bricht ein Volk zusammen, steigen die Milben auf die sich einfindenden Räuber anderer Völker um. Alle menschlichen Bemühungen, Varroa weniger aggressiv oder die Bienen widerstandsfähiger zu machen, schlugen bislang fehl.

▸ Gleichgewicht der Kräfte

Sowohl der Ursprungswirt *Apis cerana* im asiatischen Raum als auch die afrikanisierten Bienen Südamerikas, die erst seit 1972 mit Varroamilben konfrontiert sind, begrenzen die Varroavermehrung und leben in dauerhafter Koexistenz. Dies liegt vermutlich nicht an einer weniger aggressiven Milbenart, sondern an bienenspezifischen Eigenschaften: Das Hygieneverhalten gegenüber milbenbefallener Brut und Milben auf erwachsenen Bienen werden seit Langem als Faktoren heiß diskutiert. Viel bedeutender scheint jedoch, dass bei widerstandsfähigen Bienen die Varroamilbe Schwierigkeiten mit der Fortpflanzung hat!

In ihrem Herkunftsgebiet glückt Varroa die Vermehrung ausschließlich in Drohnenbrut. In Südamerika kam bis vor Kurzem nur die Hälfte der reproduktionswilligen Milben in Arbeiterinnenbrut zur Eiablage. In entsprechender Brut importierter europäischer

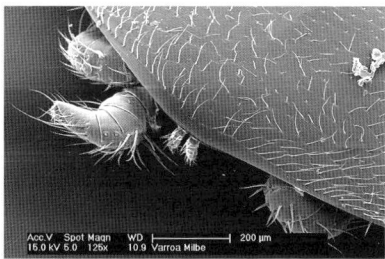

Mundtaster und Beine von oben gesehen.

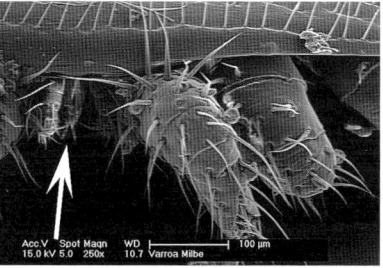

Zwischen den beiden kurzen, stummelförmigen Gliedmaßen (Mundtaster) liegen die messerscharfen Mundwerkzeuge (Chelizeren – siehe Pfeil).

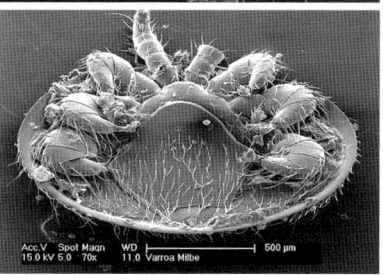

Bauchansicht einer toten Milbe, auf der kugelige Blütenpollen liegen. Ein Bein ist abgebrochen.

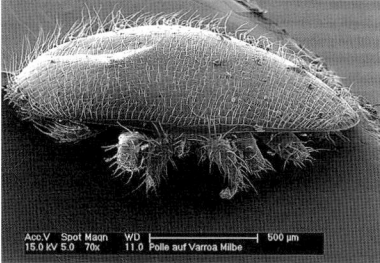

Varroa Frontansicht (Raster-Elektronenmikroskop REM).

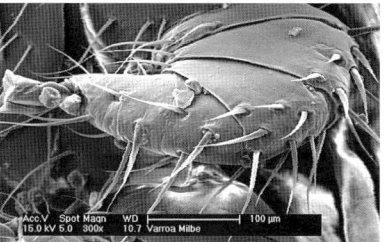

Milbenbein. Links Haftlappen zum Laufen auf Untergrund, der Panzer ist mit Sinnesborsten ausgestattet.

Schematische Darstellung der Vermehrung der Varroamilbe: (1) Milbenweibchen steigt von Stockbiene in eine Brutzelle. (2) Eiablage nach Zellverdeckung, (3) und (4) Schlupf der Nymphen. (5) Begattung der jungen Weibchen. (6) Altmilbe (Muttermilbe) und Jungmilben in der Zelle. (7) Mit der Biene können die Milben aus der Zelle gelangen. (8) Trägerphase auf einer Stockbiene, von dort begeben sich die Milben zur Vermehrung wieder in eine Brutzelle (1) oder überdauern die brutlose Winterphase auf Winterbienen.

Carnica-Völker waren am gleichen Ort, wie in Europa, jedoch über 80 % der Milben fruchtbar. Doch damit nicht genug: Drängeln sich zwei oder gar drei Muttermilben in einer Drohnenbrutzelle des Ursprungswirtes, so gelingt nur noch jedem vierten bzw. jedem zehnten Drohn der Schlupf. Alle anderen bleiben geschwächt im selbst erstellten soliden Kokon gefangen, und mit ihnen die „Milbenbrut". Vielleicht war der besonders feste Kokon anfangs ein Schutz gegen ein „Ausgeräumt-werden" durch hygienische Arbeiterinnen? Nun scheint er zur Drohnen- und Varroafalle geworden zu sein.

POPULATIONSDYNAMIK ▸ Auch die Bienen-Populationsdynamik beeinflusst den Varroa-Befall wesentlich: Widerstandsfähige Bienen bieten den Milben nur unregelmäßig und in winzigen Mengen Drohnenbrut, bilden deutlich individuenärmere Völkchen und schwärmen häufiger. Bei starkem Befall mit Parasiten oder Krankheiten verlässt das gesamte Volk die „verseuchte" Heimstatt. Die Bienen tun genau das, was in Bekämpfungskonzepten empfohlen wird:

▸ Varroa nicht in Drohnenbrut vermehren lassen,
▸ Ableger bilden und dadurch den Milbendruck verteilen,
▸ auf Wabenhygiene achten.

Welch Schlaraffenland herrscht dagegen für die Milbe in europäischen Völkern, in denen über sieben bis zehn Monate bis zu 250.000 Arbeiterinnen- und 10.000 Drohnenbrutzellen pro Jahr aufgezogen, Schwärme vermieden und Wabenhygiene häufig vernachlässigt werden.

Schädigung der Bienen
(Dr. Elke Genersch)

Varroa destructor als Überträger von Viruskrankheiten

Inzwischen hat es sich herumgesprochen, dass die Hauptgefahr von Zecken, einer Überfamilie innerhalb der Milben, für den Menschen nicht in dem kleinen Biss und dem bisschen Blut, das die Zecke abzapft, besteht, sondern darin, dass die Zecken gefährliche Krankheiten übertragen: Borreliose (Bakterineninfektion) und Frühsommer-Meningoenzephalitis (FSME; Viruserkrankung). Und was die Zecken für den Menschen sind, sind die Varroamilben für die heimischen Honigbienen. Auch *Varroa destructor* schädigt die Bienen dadurch, dass sie die Puppen und erwachsenen Bienen ansticht, um die Hämolymphe, das „Blut" der

Bienen, als Nahrung zu nutzen. Aber diese Schädigung ist vergleichsweise harmlos gegenüber dem Schaden, den die von den Milben beim Stechen und Saugen übertragenen Viren verursachen können. Leider ist die Gefahr der durch *Varroa destructor* übertragenen Viruskrankheiten für die Bienen noch nicht von allen Imkern und Bienenkundlern akzeptiert, obwohl uns der Zusammenhang von Zecken und FSME ein warnendes Beispiel sein müsste.

Was macht Viren so gefährlich?

Viren sind infektiöse Einheiten, die mit einem Durchmesser von ca. 16 nm (Circoviren) bis 300 nm (Pockenviren)

▸ Viren und Bakterien

Viren sind keine Organismen, sie leben nicht und haben keinen eigenen Stoffwechsel. Viren sind infektiöse Teilchen, die sich nur vermehren können, indem sie in eine Wirtszelle eindringen und diese so umprogrammieren, dass die Zelle, statt ihre eigentlichen Aufgaben zu erfüllen, die Nachkommenviren produziert. Die neuen Nachkommenviren werden entweder aus der Wirtszelle ausgeschleust oder die Zelle platzt und setzt die Viren dadurch frei. Viren sind

so klein, dass sie nur im Elektronenmikroskop sichtbar sind.
Bakterien sind einfachste Organismen, die leben, einen eigenen Stoffwechsel haben und sich durch Teilung vermehren. Bakterien, die Krankheiten verursachen, nennt man Pathogene. Dies ist aber nur ein kleiner Teil der Bakterien, die meisten sind für andere Lebewesen harmlos oder sogar nützlich. Bakterien sind im Lichtmikroskop sichtbar.

so klein sind, dass man sie nicht einmal mit einem Lichtmikroskop sehen kann. Viren vermehren sich nicht durch Teilung wie Bakterienzellen oder die Zellen höherer Organismen, sondern sie müssen in Zellen höherer Organismen eindringen, um sich vermehren zu können. Im Anschluss an dieses Eindringen, die Infektion der Zellen, werden die Zellen umprogrammiert. Nun dienen sie dem Überleben und der Vermehrung des intrazellulären Parasiten, wie man ein Virus auch bezeichnen kann. Der Grad dieser Umprogrammierung bestimmt den Grad der Schädigung der Zelle.

Es kann sein, dass die Viren in den Zellen gar keinen feststellbaren Schaden anrichten, da sie die Zellen nur minimal für ihre Vermehrung „auf kleiner Flamme" in Anspruch nehmen. In solchen Fällen werden auch bei dem infizierten Organ und Organismus keine Folgen oder Symptome sichtbar. Deutlich schädlicher ist es, wenn die infizierte Zelle ihre normale Funktion gar nicht mehr erfüllen kann und nur noch damit beschäftigt ist, Viren herzustellen, bis sie schließlich platzt, um die Viren für die Infektion der umgebenden Zellen freizusetzen. Irgendwann ist das gesamte Organ, zu dem die infizierten Zellen gehören, so weit in Mitleidenschaft gezogen, dass es seine Funktion einstellt und nun auch der Organismus Schaden nimmt.

Das Ausmaß des Schadens, der durch eine Virusinfektion im infizierten Organismus, sei es Mensch, Tier, Pflanze oder Bakterium, entsteht, hängt von vielen Faktoren ab. So spielt vor allem das Virus selbst (z. B. Pocken- oder Schnupfenvirus), aber auch die Immunabwehr des Wirts (z. B. geimpft oder nicht) und der Übertragungsweg eine Rolle. Generell kann man sagen, dass Viren, die bei der Übertragung oder im Verlauf der Infektion in den Blutkreislauf gelangen, eine größere

In einem Bienenei liegt das Potenzial für Gesundheit und Krankheit – manchmal auch in Form von Viren.

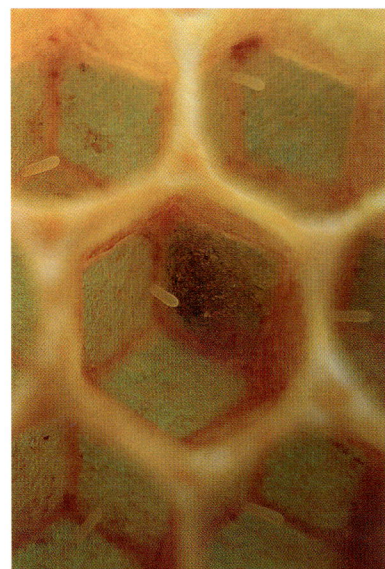

In dieser schlüpfenden Biene steckt Arbeitspotential für das Bienenvolk. Durch effektive Varroabekämpfung werden Bienen gleichzeitig von Viren befreit.

Gefahr darstellen, da ihnen sämtliche Organe und Zellen des Wirts zur Infektion offen stehen.

Wie gefährlich sind Bienenviren und die Varroamilbe?

Bisher sind ungefähr 20 verschiedene Viren aus Bienen isoliert worden. Die meisten dieser Viren verursachen in den infizierten Bienen keine sichtbaren Symptome, sondern fallen erst auf, wenn einzelne Bienen an einer solchen Infektion sterben. In der Regel entsteht für das Volk kein großer Schaden, und es bricht aufgrund der Virusinfektion nicht zusammen. Man kann davon ausgehen, dass in den Jahrmillionen der gemeinsamen Evolution von Viren und Bienen beide ein Auskommen miteinander gefunden haben: Die Viren nutzen zwar die Bienen als Wirt, aber sie lassen den Wirt leben, da nur so ihr eigenes Leben gesichert ist.

▸ **Gestörtes Gleichgewicht**
Dieses Gleichgewicht ist seit der Einschleppung von *Varroa destructor* gestört, da die Milbe sich als Ectoparasit nicht nur von der Hämolymphe der Bienenpuppen und erwachsenen Bienen ernährt und dabei deren Immunsystem schwächt, sondern sich auch zunehmend als Überträger von Viren innerhalb eines Volks und zwischen Völkern etabliert. Vor der Einschleppung der Milbe war der wohl häufigste Übertragungsweg für Bienenviren innerhalb eines Volks die oralfäkale Route, d.h. über die Aufnahme von virushaltigem Futter oder das Entfernen von virushaltigem Kot. Auch über infizierte Eier ist die Weitergabe eines Virus im Volk möglich. Infiziertes

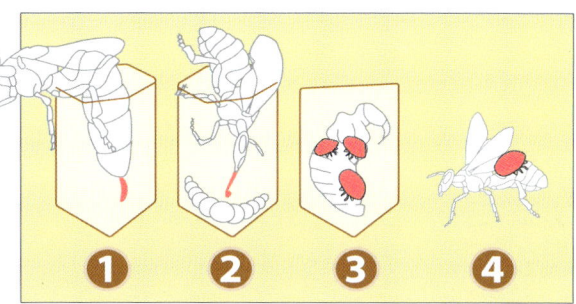

Grafische Darstellung der Virus-Verbreitung im Bienenvolk: (1) infiziertes Ei, (2) Ammenfutter mit Viren, (3) Virusübertragung durch infizierte Varroamilben auf Brut und auf erwachsene Bienen (4). Einmal vorhandene Viren sind in der nächsten Entwicklungsstufe der Bienen weiter da. Nicht jede Virusinfektion ist automatisch krankheitsauslösend oder tödlich für die Biene, dies hängt von verschiedenen Faktoren ab (vgl. Text).

Sperma kann genauso zur Übertragung zwischen Völkern beitragen wie der Verflug von infizierten Bienen. Bei diesen Übertragungswegen bleiben die Viren vornehmlich auf einzelne Organe, z.B. die des Verdauungstrakts, beschränkt und richten keinen großen Schaden an.

Die Varroamilbe bringt nun eine *völlig neue Art der Übertragung* ins Spiel: Sie kann die Viren beim Stechen und Saugen direkt in die Hämolymphe injizieren. Da die Hämolymphe sämtliche Organe im Bienenkörper umspült, werden die Viren überall hin transportiert und können theoretisch alle Gewebe und Organe infizieren. Es ist leicht vorstellbar, dass das in der sich entwickelnden Biene im empfindlichen Puppenstadium besonders fatal sein kann.

Bisher konnte für acht der Bienenviren gezeigt werden, dass sie beim Zusammenbruch von Varroa-parasitierten Bienenvölkern eine Rolle spielen: ABPV, CBPV, SBPV, BQCV, KBV, CWV, SBV, DWV. Zwei Mechanismen sind dabei möglich:

Folge einer Sackbrutvirusinfektion: Die Bienenlarve ist abgestorben, die Sackbrutmumie wurde aus der Zelle geholt. Die äußere Körpergliederung ist noch gut sichtbar.

Die Brut wurde von Stockbienen ausgefressen (Bruthygiene).

den Tod der Biene verursacht. Diese Variante soll für ABPV gelten. Für CBPV wurde lange Zeit angenommen, dass es entweder direkt durch *Varroa destructor* oder indirekt über die durch *Varroa destructor* verursachten Wunden zwischen den Bienen übertragen wird. Neue Forschungsergebnisse konnten nun jedoch zeigen, (1.) dass CBPV neben den paralytischen Symptomen auch Durchfall verursacht, (2.) dass sich das Virus dann im Kot der tödlich erkrankten Bienen befindet und (3.) dass sich die gesunden Bienen an diesem Kot infizieren (oral-fäkale Route).

▸ Flügeldeformationsvirus DWV

Das am besten untersuchte Beispiel für einen unmittelbaren Zusammenhang zwischen der Übertragung durch *Varroa destructor* und sichtbaren Symptomen ist das Flügeldeformationsvirus DWV. DWV ist bei den heimischen Honigbienen weit verbreitet und wird sowohl über den Futtersaft als auch über infizierte Eier und infiziertes Sperma übertragen. Die so übertragenen Virusinfektionen sind aber für die Bienen offensichtlich harmlos, da sie keinerlei sichtbare Symptome hervorrufen.

Völlig anders sieht es hingegen aus, wenn DWV von der Varroamilbe auf die sich entwickelnden Bienen, also auf die Puppen, übertragen wird. Dieser Übertragungsweg, bei dem das Virus in die Hämolymphe injiziert wird, kann zu Störungen in der Puppenentwicklung führen: Die schlüpfenden Bienen haben verkrüppelte Flügel und Beine und/oder einen verkürzten, aufgedunsenen Hinterleib. Sie bewegen sich teilweise schwer taumelnd und überleben nur wenige Stunden oder Tage. Je mehr dieser verkrüppelten Bienen in einem

▸ Schädigungsmechanismen

▸ Zum einen können die durch übertragenen Viren die eigentliche Schädigung hervorrufen. Für KBV und DWV konnte sogar experimentell nachgewiesen werden, dass sie durch *Varroa destructor* übertragen werden können und dass diese Übertragung überhaupt erst die Voraussetzung dafür ist, dass diese Viren bestimmte Symptome oder den Tod der Bienen hervorrufen.

▸ Zum anderen kann durch die Varroa-Parasitierung eine vorhandene harmlose Virusinfektion (re-)aktiviert werden, die dann die Schädigung oder

Volk schlüpfen, desto größer ist der Schaden für das Volk, bis es schließlich an der „Varroose" zusammenbricht.

Die Gefahr einer Übertragung von DWV durch Varroa destructor hängt davon ab, wie viele der Milben in einem Volk das Virus tragen und so als Virusüberträger agieren können, aber auch davon, wie viele Viren die Milben enthalten. Je mehr Viren sie schon aufgenommen haben, desto größer ist auch die Gefahr, dass die beschriebenen Verkrüppelungen durch die von den Milben übertragenen Viren verursacht werden.

Konsequenzen für die Imkerei

Und nun kommen wir noch einmal zurück zu dem Beispiel des von den Zecken übertragenen FSME-Virus. Genauso wie die Gebiete, in denen die Zecken dieses Virus übertragen können, immer größer werden, genauso werden auch die Gebiete, in denen *Varroa destructor* ein, zwei oder mehrere Viren überträgt, immer größer, und die von der Varroamilbe ausgehende Gefahr für unsere Bienen nimmt zu. Die einzige Möglichkeit, dieser Gefahr zu begegnen, besteht darin, regelmäßig eine *konsequente und in ihrer Wirkung überprüfte Bekämpfung der Varroamilben* in den Bienenvölkern durchzuführen. Durch eine Ausschaltung des Übertragungswegs von Virusinfektionen und eine Elimination der Milbenpopulationen, die Viren tragen, können die Imker den Infektionsdruck auf ihre Bienen mindern und ihnen so helfen zu überleben.

Bienen-Viren			
Abkürzung	Englische Bezeichnung	Deutsche Bezeichnung	Symptome (*V.d.=Varroa desctructor*)
ABPV	Acute bee paralysis virus	Akute Bienenparalyse Virus	harmlos, aber Tod durch Paralyse in Zusammenhang mit *V.d.*
CBPV	Chronic bee paralysis virus	Chronische Bienenparalyse Virus	Tod durch Paralyse nach oral-fäkaler Übertragung, Zusammenhang mit *V.d.* fraglich
SBPV	Slow bee paralysis virus	Langsame Bienenparalyse Virus	harmlos, aber Tod durch Paralyse in Zusammenhang mit *V.d.*
BQCV	Black queen cell virus	Schwarze Königinnenzellen Virus	Verfärbung der Königinnenzellen, Tod in Zusammenhang mit *V.d.*
KBV	Kashmir bee virus	Kashmir Bienenvirus	harmlos, aber Tod nach Übertragung durch *V.d.*
CWV	Cloudy wing virus	Flügeltrübungsvirus	Trübe Flügel, Tod in Zusammenhang mit *V.d.*
SBV	Sacbroodvirus	Sackbrutvirus	Tod der Larven, schnellere Ausbreitung im Volk durch *V.d.*
DWV	Deformed wing virus	Flügeldeformationsvirus	harmlos, aber Verkrüppelungen nach Übertragung auf die Puppen durch *V.d.*

Milben erkennen, unterscheiden und Befallsstärke ermitteln

Diagnoseverfahren

In diesem Abschnitt sind unterschiedliche Methoden zur Erkennung (Diagnose) der Varroamilbe, zur Abschätzung der Befallsstärke und der Schadensschwelle beschrieben. Die Varroadiagnose sollte genauso wie z.B. auch die Kontrolle der Weiselrichtigkeit ein Bestandteil der Imkerei sein.

Die Milbe bzw. von ihr und von Sekundärerkrankungen hervorgerufene Schäden erkennen Sie bei der Völkerdurchsicht auf den Bienen, an und in der Brut. Die Gemülldiagnose ist daneben die wichtigste Methode zur Abschätzung der Befallsstärke. Für die Abschätzung der Milbenpopulation bzw. der Befallsstärke ist man auf „Indizien" angewiesen. Das liegt vor allem an der Größe der Milben, aber auch an den „unsichtbaren" Brutmilben, also den Milben, die sich in der Bienenbrut aufhalten. Vier unterschiedliche Methoden stehen zur Verfügung:

▶ Kontrolle von Waben mit aufsitzenden Bienen

Bei der Durchsicht von Bienenvölkern lassen sich im Normalfall keine Milben auf Bienen erkennen, solange die Völker nur leicht bis mittelstark befallen sind. Erst bei kritischem Varroabefall

Volksdurchsicht

sind auf den Waben Bienen mit Milben sichtbar. Wenn außerdem noch verkrüppelte Bienen mit verkürztem Hinterleib oder mit verkrüppelten Flügeln auftreten, ist bereits oder sehr bald eine kritische Milbenpopulation erreicht und die Schadensschwelle überschritten. Eine Behandlung sollte möglichst bald durchgeführt werden (siehe Sommer- und Notbehandlung, S. 29).

▶ Kontrolle von Bienenproben

In wissenschaftlichen Untersuchungen und in Varroatoleranz-Zuchtprogrammen wird der Milbenbefallsgrad über die Anzahl Milben auf den erwachsenen Bienen bestimmt. In einem Behälter werden 50 g Bienen aus dem Honigraum eingesammelt und durch Tieffrieren abgetötet. Durch Auswaschen der Bienen unter dem Wasserhahn werden auf einem Honigdoppelsieb Bienen und Milben getrennt: Die Milben werden auf dem Feinsieb aufgefangen. Diese Methode ist jedoch für die „normale" Imkerpraxis ungeeignet und nicht akzeptiert, weil hierfür Bienen abgetötet werden.

Außerdem ist der Aussagewert dieser Milbenzählung im Rahmen des Bekämpfungskonzeptes wenig aussagekräftig: Die Abschätzung der Milbenpopulation über die Diagnosewindel,

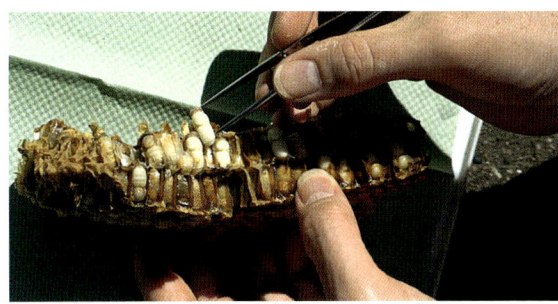

Mit einer Pinzette wird an der Bruchkante der Drohnenwabe die Brut herausgeholt. Die Milben sitzen auf der Brut und/oder an den Wänden der Brutzelle.

die Untersuchung von Drohnenbrutproben sowie die aufmerksame Volksbeobachtung sind in der Imkerpraxis praktikabler und akzeptabler!

▸ **Kontrolle von (Drohnen-)Brut**
Die Milben suchen bevorzugt Drohnenbrut auf – dies kann man sich zur Kontrolle zunutze machen: Beim Drohnenbrutschneiden kann die Drohnenbrut an Ort und Stelle auf Milbenbefall untersucht werden. Es ist kein kritisches Zeichen, wenn Sie in der Drohnenbrut Milben finden! Anders ist es mit der Arbeiterinnenbrut in auffälligen Völkern: Zur Klärung, ob eine „kritische Varroapopulation" wirklich erreicht ist, kann man auch Arbeiterinnenbrut auf Milbenbefall untersuchen. Hier ist es besonders kritisch, wenn viele Brutzellen (mehr als 10 % der Zellen) befallen sind oder Mehrfachbefall auftritt, also mehrere Muttermilben eine Brutzelle befallen.

ARBEITSSCHRITTE ▸
1. Wabe auseinanderbrechen.
2. An der Bruchkante liegt nun die Brut frei zugänglich. Auf der Brut und in der Brutzelle sind evtl. Milben erkennbar. Weitere Hinweise auf Milbenbefall liefert der weißliche Milbenkot, der am Boden der Zellen sichtbar ist.

3. Mit einer Pinzette können Sie die Brut aus den Zellen nehmen und die Unterseite der Brut und die Zellwände auf Milbenbefall untersuchen.
4. Jüngste Milbenstadien sind weiß, ältere hellbraun gefärbt. Die „Muttermilbe" hat die dunkelste Färbung.

Varroamilben auf der Diagnosewindel

Viele Beutenböden haben einen Gitterboden mit Schublade zum Auffangen der abgestorbenen Varroamilben – diese Vorrichtung im Beutenboden wird auch Diagnosewindel oder Gemüllwindel genannt. Fehlt diese Vorrichtung,

▸ **Windel einfetten oder nicht?**

Lange wurde diskutiert, ob die Unterlage eingefettet werden soll. Das würde verhindern, dass heruntergefallene, noch lebende Milben wieder in das Volk gelangen können. Mögliche Ausdünstungen des Fettes wie z.B. Vasiline® oder Melkfett können jedoch auch in den Honig gelangen. Ein weiteres Argument gegen das Einfetten ist der große Aufwand bei der Reinigung. Daher ist vom Einfetten abzuraten.

Gemüll mit Varroa-
milben, Wachs-,
Pollen- und Bienen-
teilen

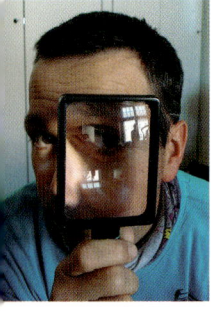

Handlupe mit hoher
Vergrößerung.

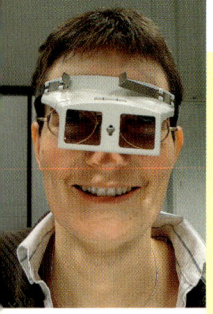

Eine Kopfband-
lupe erlaubt die
Arbeit mit
freien Händen.

kann man durch das Flugloch eine im Handel erhältliche Diagnoseschale – bestehend aus einem Gitter und einem Unterteil- einschieben. Das Gitter verhindert, dass die Bienen heruntergefallene Teilchen und abgestorbene Varroamilben aus dem Flugloch nach draußen schaffen.

Im Frühjahr und Sommer sollte das Gemüll nicht länger als drei bis fünf Tage ohne zwischenzeitliche Reinigung und Milbenzählung aufgefangen werden: Ameisen und andere Kleintiere – wie auch die Wachsmotte – sind bemüht, die heruntergefallenen Wachs-, Zucker- und Pollenreste sowie die Varroamilben aufzufressen. Das Gemüll „beginnt zu leben und kriegt Beine". Das Erkennen der Milben wird dadurch schwierig oder gar unmöglich.

▶ Milben erkennen

Bei gutem Tageslicht lassen sich die Milben leicht erkennen. Sie können sich die Milbensuche bei dicht liegendem Gemüll erleichtern, indem Sie das Gemüll auf weißem Papier mit einem aufgezeichneten Gitter (Käschen mit z.B. 5 cm × 5 cm Kantenlänge) verteilen. Suchen Sie dann nach gleichmäßigen ovalen Strukturen: Liegt die Milbe

▶ Brille oder Lupe

Lesebrille oder Lupe können die Suche nach Milben erleichtern. Im Handel gibt es die unterschiedlichsten Ausführungen von Lupen, die Sie vor dem Kauf unbedingt ausprobieren sollten. Die Modellvielfalt ist groß: Einige Modelle sind mit Lampe ausgerüstet, andere können auf dem Kopf getragen werden.

auf dem Bauch, glänzt ihre Oberseite. Auf dem Rücken liegende Milben erkennen Sie an der regelmäßigen Anordnung der Milbenbeine. Jungmilben sind hell, alte Milben dunkelbraun gefärbt. Mit Glück können Sie tropfenförmige Nymphenstadien der Milben oder abgestorbene Milbenmännchen erkennen. Beide trocknen jedoch schnell ein und fallen nicht weiter auf.

NATÜRLICHER MILBENFALL UND BEHANDLUNGSERFOLG ▶
Bei der Kontrolle des natürlichen Milbenfalls und des Behandlungserfolges – nach der Anwendung eines Milben abtötenden Medikaments – werden alle ovalen Varroamilben gezählt, egal ob sie hell- oder dunkelbraun ausgefärbt sind.

VERLAUF DES NATÜRLICHEN MILBENFALLS ▶
Die Anzahl der Milben im Gemüll steigt ab dem Frühjahr sehr langsam bis zum Spätsommer/ Herbst an. Bei stark befallenen Völkern können im Spätsommer/Herbst 100 Milben pro Tag gezählt werden. Der Bienenflug und die Futterabnahme täuschen dem Imker eine nicht vorhandene Vitalität vor: Ohne Behandlung, manchmal auch trotz Behandlung, sterben diese Völker ab. Der natürliche Milbenfall kann aber zum Glück als „Frühwarnsystem" genutzt werden.

KONTROLLE ZWEIMAL JÄHRLICH ▶
Der natürliche Milbenfall sollte mindestens zweimal im Jahr kontrolliert werden. Die natürliche Milbenzahl kann sowohl zur Berechnung der (Rest-) Milbenpopulation (siehe Kasten S. 20) als auch zur Entscheidung über medikamentöse Behandlungen herangezogen werden (siehe Seite 30).

MILBENFALL NACH DER BEHANDLUNG ▸ Bei der Varroabehandlung mit Ameisensäure fallen innerhalb von Stunden die Milben, die auf den Bienen sitzen, und nach dem Schlupf der Brut auch die geschädigten/abgetöteten Brutmilben ab. Der Behandlungserfolg sollte daher zwei bis drei Wochen lang kontrolliert werden. Bei der Oxalsäurebehandlung im Winter fallen Milben bis zu vier bis fünf Wochen, bei der Thymolbehandlung im Sommer gar bis zu sechs Wochen nach der Behandlung.

WEITERES GEMÜLL, WINTERGEMÜLL ▸ Auf dem Gitter bleiben abgestorbene Bienen, in der Brutzeit auch tote Puppen, aber auch Kalkbrutmumien und andere größere Gegenstände liegen. Nach dem Herausfegen, besonders in der Winterzeit (Wintergemüll), sollte das Gemüll einer Kontrolle unterzogen werden.

DIE UNTERSCHEIDUNG VON ANDEREN TIEREN ▸ Der Bienenkasten bietet vielen Tieren Unterschlupf und auch Nahrung, wie z.B. herunterfallende Wachs- und Zuckerteilchen, Pollenhöschen oder tote Bienen. Die Fotogalerie (S. 20) zeigt eine kleine Auswahl, die einen Eindruck über die Vielfältigkeit der Besucher vermittelt.

Die Unterscheidung von Brutkrankheiten im Bienenvolk (Differentialdiagnose)

Das Thema Bienenkrankheiten ist ein sehr wichtiger Teil der Aus- und Fortbildung von Berufs- und Hobbyimkern. Nicht nur Anfängern in der Imkerei fällt es schwer, Abweichungen zu erkennen – die richtige Diagnose zu erstellen. Neben

Der „Varroaboden" enthält ein Gitter, durch das die Milben auf die ausziehbare Unterlage (Windel) fallen.

Für Beutenböden ohne eingebaute Varroawindel gibt es einschiebbare Kunststoffschalen mit Varroagitter.

Abgenommes Varroagitter zur Milbenkontrolle.

„natürlichen" und „jahresbedingten" Veränderungen können auch Krankheitserreger und Vergiftungen (siehe Seite 25) im Bienenvolk auftreten. Dieses Kapitel ersetzt kein Fachbuch zu Bienenkrankheiten (siehe Seite 79), sondern soll die Aufmerksamkeit für Krankheiten fördern. Folgende Auffälligkeiten sollten immer abgeklärt werden:

▸ **Auffälligkeiten an erwachsenen Bienen**
Welche Ursache haben Farbveränderungen, Verkrüppelungen des Bienenkörpers oder eine jahreszeitlich untypisch geschrumpften Bienenmasse?

Berechnung der Milbenpopulation über natürlichen Milbenfall und Umrechnungsfaktor (Dr. Gerhard Liebig)

Man zählt die heruntergefallenen, natürlich gestorbenen Milben und teilt sie durch die Anzahl Tage, die die Diagnosewindel im Volk lag. So erhält man den „natürlichen Milbenfall". Diese Zahl multipliziert mit einem „Umrechnungsfaktor" ergibt die „Größe der Milbenpopulation". Der Umrechnungsfaktor ist jedoch keine Konstante: Er ist vom Brutumfang abhängig und vom Befallsgrad des Bienenvolkes. Natürlicher Milbenfall entsteht hauptsächlich, wenn befallene Brut schlüpft. Die nicht lebensfähigen Milben fallen zum Großteil herunter.

In **brutfreien Völkern** fallen deutlich weniger nicht lebensfähige Milben an als in brütenden Völkern. Deshalb liegt bei ihnen der Umrechnungsfaktor bei 500.

In **brütenden Völkern** liegt der Umrechnungsfaktor zwischen 100 und 300. Der Faktor 300 ist bei wenig Brut und/oder niedrigem natürlichen Milbenfall angebracht, der Faktor 100 eignet sich für Völker, die viel brüten und/oder viele Milben verlieren.

Beispiel: Bei einem natürlichem Milbenfall von 80 Milben/Tag im August sind wahrscheinlich eher 80 × 100 (bis 150) = 8.000 (bis 12.000) Milben im Volk als 80 × 300 = 24.000 Milben. Die meisten Völker brechen zusammen, bevor der Varroabefall eine solch astronomische Höhe erreicht. Wenn ein brütendes Volk nur ein oder zwei Milben pro Tag ohne Behandlung verliert, rechnet man besser mit Faktor 300, also 300 bzw. 600 Milben. Dann befindet man sich auf der sicheren Seite. (Quelle: Deutsches Bienenjournal 2005, Heft 4, Seite 10–11, Dr. Gerhard Liebig „Es steht alles im Gemüll")

Gemüll aus Wachs- und Pollenresten, eine Wachsmottenmade (unten) frisst sich satt.

„Besucher" im Gemüll: Ameise und Ohrenkneifer.

„Normale" Hintergründe für Symptome

► Haarverlust als Alterserscheinung bei Bienen
► Farbringe aufgrund der Genetik (Kreuzung mit anderen Bienenrassen)
► Kleine Bienen durch altes Wabenwerk (Zusammenhang ist nicht unumstritten) oder Genetik
► Schrumpfende Bienenmasse bei der Durchlenzung im Frühjahr: Absterben der alten Winterbienen, Ablösung durch (zu wenige) Jungbienen

Fehlentwicklungen, Krankheiten

► Dunkelfärbung der Biene durch Räuberei – bedingt Haarverlust (Imker fördert die Räuberei z.B. durch auslecken lassen von Waben)
► Anhaltende Weisellosigkeit führt zur Abnahme der Bienenmasse

▸ Krankheiten der erwachsenen Biene oder Vergiftungen führen zum Schrumpfen oder gar Absterben der erwachsenen Bienen:
▸ Viruserkrankungen (siehe auch Seite 15),
▸ Tracheenmilbenerkrankung (sehr selten),
▸ Durchfallerkrankungen (Nosema, Amöbenruhr, Ruhr: Störung der Wintertraube, ungeeignetes Winterfutter),
▸ Vergiftung durch Pflanzenschutzmittel oder Frevel (böswilliger Einsatz von Giften),
▸ Fehlanwendung von Medikamenten, wie z.B. Überdosierung oder Anwendung zum falschen Zeitpunkt, kann ebenfalls zur Abnahme der Bienenmasse führen.

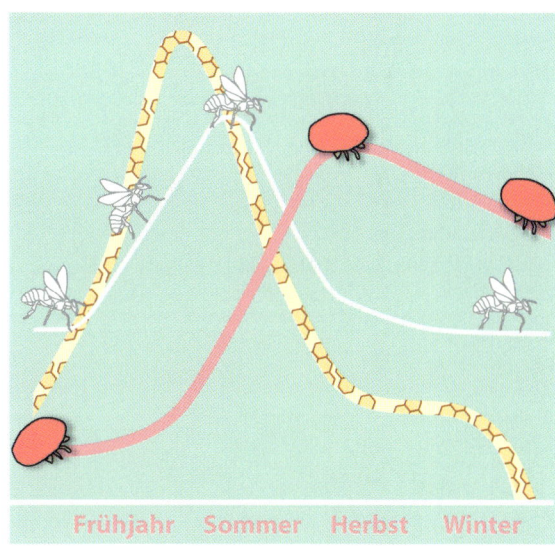

Frühjahr   Sommer   Herbst   Winter

Darstellung der Entwicklung der Brut, der Bienen und der Varroamilben über den Jahresverlauf. In der brutlosen Winterzeit befinden sich alle Milben auf den Bienen. Kritisch ist in der Sommerzeit die Milbenentwicklung, wenn die Brutmenge abnimmt, die Milbenanzahl jedoch weiter steigt. Gerade in dieser Zeit entwickeln sich die ersten Winterbienen, die möglichst nicht von Milben geschädigt werden sollen. In der Graphik steigt die Milbenzahl, da in diesem Beispiel keine Varroabehandlungen vorgenommen werden. (Nach Liebig, verändert)

▸ Auffälligkeiten an Brutzellen und Brut

Welche Ursachen stecken hinter einem löchrigen Brutnest, stehen gebliebenen Brutzellen, eingesunkenen oder gar löchrigen Zelldeckeln, Form- und Farbveränderungen der Brut?

Normal- und Fehlentwicklungen

▸ Brutfläche von Nektar- oder Polleneintrag unterbrochen, unregelmäßiges Erscheinungsbild.
▸ Königin ist alt oder krank: nicht mehr ausreichende Spermamenge führt zu lückenhafter Legeaktivität.
▸ Löchriger Zelldeckel: Rundmade wird gerade verdeckelt, der Zelldeckel ist noch nicht komplett fertiggestellt.
▸ Stehen gebliebene Zellen: Die übrige Brut ist schon geschlüpft, „Restbrut" schlüpft bald.

Wichtige Brutkrankheiten (Kurzbeschreibung)

Kalkbrut (Pilzerkrankung): Das weiße Pilzgeflecht durchzieht die Larve, die abstirbt und von den Bienen aus der Zelle geputzt wird.

Sackbrut (Viruserkrankung): Die Streckmade ist sackförmig mit Flüssigkeit gefüllt, stirbt in der Zelle. Kopf und Hinterende sind umgeknickt, der Schorf ist schiffchenförmig, liegt locker in der Zelle. Eingesunkener, löchriger Zelldeckel.

Amerikanische Faulbrut (Bakterienerkrankung, anzeigepflichtig!): Die Larve wird breiig zersetzt, die Masse ist fadenziehend (Streichholztest). Eingesunkener, löchriger, verfärbter Zelldeckel! Der Schorf sitzt fest in der Zellrinne.

Stehen gebliebene Brutzellen immer überprüfen: Zelldeckel entfernen und Zellinhalt auf Krankheitssymptome untersuchen.

Die Brut aus den stehen gebliebenen Zellen schlüpft – etwas später als aus den übrigen Zellen.

Europäische Faulbrut (Bakterienerkrankung): Die offene Brut verfärbt sich gelblich, liegt verdreht in der Zelle.
Varroa und Sekundärerkrankungen (Virusschäden): Absterben und/oder Deformation der Brut, wie z.B. verkürzter Hinterleib, verkrüppelte Flügel. Teilweise eingesunkener, löchriger Zelldeckel.

▶ Wer hilft bei Krankheitsverdacht?

Ziehen Sie bei Fragen Fachleute zurate: Gesundheitsobmann, Bieneninstitute (Bienenzuchtberater) oder den zuständigen Amtstierarzt.
Aus- und Fortbildung sind unerlässlich für die Bienenhaltung, die Bienengesundheit und die sachgerechte Produktion des Lebensmittels Honig.

Unterkühlung: Besonders in Begattungs- und Ablegervölkern oder nach Absterben der Bienenmasse (s.o.) kann die Brutnesttemperatur nicht gehalten werden. Alle Brutstadien sterben besonders im äußeren Bereich des Brutnestes ab. Dunkelfärbung und Geruchsentwicklung durch zersetzende Bakterien.

Reinvasion – die Milbe kommt zurück

Es gibt keine varroafreien Völker in Europa und vielen anderen Ländern auf der Welt mehr. Außerdem können noch von außen – mit Bienen z.B. durch Räuberei und Verflug – zusätzliche Varroamilben in die Völker kommen. Untersuchungen haben gezeigt, dass innerhalb von wenigen Wochen hunderte bis tausende von Milben eingetragen werden. Ein Hinweis auf Reinvasion ist u.a. der verstärkte Milbenfall nach erfolgreich abgeschlossener Sommerbehandlung. Folgende Faktoren fördern die Reinvasion:
Vernachlässigte Völker in der Umgebung, die keine Milbenbehandlung erfahren (Verstoß gegen die Varroa-Behandlungspflicht)
Der Nachbarimker bekämpft die Milbe zu deutlich unterschiedlichen Zeiten oder mit unzureichenden Methoden, Räuberei wird verursacht durch (rechtswidrig, d.h. alles Verstöße gegen die Bienenseuchen-Verordnung) auslecken lassen von Waben, Futterreste, Entdecklungswachs, Schleuder- oder Futterausrüstung sowie offen ausgelegte Drohnenbrut als Vogelfutter.
In der Reihenaufstellung vieler Völker verfliegen sich erheblich mehr Bienen (und damit auch Milben) als in der

U-förmigen Aufstellung bzw. der Aufstellung in kleinerer Völkerzahl.

Varroose – der „leise" Tod

Das Endstadium der Varroose wird häufig erst dann erkannt, wenn es zu spät ist: Im Spätsommer oder Herbst, meist nach abgeschlossener Auffütterung, sucht der Imker vergebens Bienen: Die Kästen sind völlig leer oder nur wenige Bienen sitzen auf den Waben oder liegen tot auf dem Beutenboden. Vermeintlich ohne Ankündigung und trotz aller Bemühungen ist aus Sicht des Imkers das Volk abgestorben. Doch meist ist dies keine realistische Einschätzung: Wenn man systematisch die Krankheitsgeschichte des Volkes aufarbeitet, werden verpasste Chancen zur Milbenbekämpfung oder Fehler bei der Anwendung von Medikamenten deutlich.

▸ **Das Absterben eines Bienenvolks**

Das Absterben eines Volkes hat eine Vorgeschichte bzw. ist ein längerer Prozess: Abnehmende Bienenmasse führt zu „Arbeitskraftmangel". Zu wenige Ammenbienen versorgen die Brut schlechter, letztendlich sinkt die Lebenserwartung der nächsten Bienengenerationen erheblich. Zu früh abgestorbene Bienen müssen durch junge Bienen ersetzt werden, die dann anstelle von „Innenarbeiten" frühzeitig als Sammlerinnen tätig werden. Andere, z.B. virusgeschädigte Bienen arbeiten weniger als Stockbienen und beginnen früher mit der Sammeltätigkeit. Die „Arbeitsreserven" eines Bienenvolkes gehen verloren, je mehr Bienen durch

die Milbe geschädigt werden oder gar absterben. Letztendlich verbleibt nur noch eine zu kleine Menge Bienen auf einer zu großen Brutfläche, die sie nicht mehr versorgen kann. Sofern die Bienen nicht in der Brutzelle bereits aufgrund des Milben- und Virusbefalls abgestorben sind, dann unterkühlen sie noch im Brutnest. Die letzten Bienen koten häufig im Kasten ab – typisch sind Kotflecken auf den Waben oder Rähmchenoberträgern. Die letzten Bienen fliegen ab, möglicherweise betteln sie sich auch in Nachbarvölkern ein. Der Imker findet dann nur noch abgestorbene Brut unter löchrigen, eingefallenen Zelldeckeln. Hier hilft nur das Abschwefeln – ein Aufpäppeln ist falsch verstandene Tierliebe und gefährdet durch Räuberei und Verflug die Gesundheit der übrigen Bienenvölker.

▸ **Abgestorbenes Volk: Das ist zu tun**

Folgende Arbeiten sind nach dem Absterben von Völkern zu erledigen:
▸ Verschließen der leeren Beuten, um Räuberei zu verhindern (laut Bienenseuchen-Verordnung müssen leere Beuten bienendicht verschlossen sein)
▸ Untersuchung der toten Bienen und Brut auf Anzeichen der Varroose, sowie

Bienen haben nachträglich die verdeckelten Brutzellen geöffnet. Krankheitserreger (z.B. Varroamilben, Viren) können eine Ursache dafür sein. Das Volk/die Brut sollte im Auge behalten werden.

Die Wachsmottenraupe, die gerade aus der linken Zelle herauskommt, ist hier der Auslöser für die Entfernung der Zelldeckel.

Der Streichholztest erhärtet den Verdacht: Amerikanische Faulbrut (anzeigepflichtige Tierseuche).

Diese Volk war an Varroose erkrankt und ist im Herbst abgestorben: In einigen Brutwaben ist noch tote Brut, teilweise verkrüppelt, teilweise normal entwickelt.

„Ausgefranste" leere Futterwaben sind ein Indiz für vorangegangene Räuberei, die wiederum zur Verbreitung von Varroamilben führt.

zum Ausschluss von anderen Bienenkrankheiten (Amerikanische Faulbrut AFB).

▸ Reinigung und Desinfektion der Beuten und Rähmchen nach Einschmelzen der Waben. Weiterverwendung von ausschließlich bestem Wabenmaterial (unbebrütet) oder gar Futterwaben nur, wenn Infektionskrankheiten (Amerikanische Faulbrut: Diagnose über Futterkranzproben) ausgeschlossen werden können.

▸ Einlegen von Diagnosewindeln in den noch lebenden Völkern zur Überprüfung der Milbensituation, ggf. Durchführung von Varroa-Notbehandlungen (siehe Seite 30).

▸ Das große Bienensterben

In den Jahren 2006/2007 wurden in den USA hohe Bienenverluste beobachtet, über deren Ursachen wild spekuliert wurde. Für das Phänomen des mysteriösen Bienensterbens wurde ein neuer Namen geschaffen: „Colony Collapse Disorder".

Ein einziger Auslösefaktor hierfür ist auszuschließen, ob Stress, Umweltgifte oder gentechnisch veränderte Pflanzen eine Rolle spielen, ist noch zu untersuchen.

Auch in Deutschland gab es z.B. im Winter 2002/2003 hohe Verluste von Bienenvölkern, teilweise über 30 % bis

hin zu Totalverlusten. Das Bundesamt für Verbraucherschutz und Lebensmittelsicherheit hat 2005 eine Studie zur Klärung der Ursachen mit Beiträgen von Wissenschaftlern und (Berufs-)Imkern herausgegeben. Sie enthält u.a. folgende Einschätzungen:

▸ Die von Dr. Otten (Mayen) über eine Fragebogenerhebung erhobenen Daten lassen keine eindeutige Antwort auf das „warum" zu. Wesentlichen Einfluss hatten jedoch die Varroosebekämpfung und Standortfaktoren.

▸ Aus Sicht von Dr. von der Ohe (Celle) wurden die Verluste verstärkt durch den ungünstigen Witterungsverlauf und fehlerhafte Bekämpfung der Varroa. Er fordert u.a. eine multifaktorielle Betrachtung des Bienensterbens und erinnert an sich verstärkende (synergistische) Effekte von Varroaziden und Pflanzenschutzmitteln, nicht tödlichen (subletale) Effekten von Pflanzenschutzmitteln, Folgen von Pollenmangel und den Auswirkungen von Kälteeinbrüchen.

▸ Dr. Ritter (Freiburg) hält Standorte mit großer Bienendichte für besonders kritisch, da sich dort die Varroose schneller ausbreiten kann und der Zusammenbruch der Völker sich in einer Art Dominoeffekt fortsetzt. Er hat beobachtet, dass auch Virosen innerhalb weniger Tage auf Nachbarvölker oder sogar auf Völker im weiteren Flugkreis übertragen werden.

▸ Dr. Rosenkranz (Hohenheim) betrachtet in der Studie die Überwinterungsverluste historisch und zeigt auf, dass im Allgemeinen Verlustraten von 10–15 % des Völkerbestandes als „normal" akzeptiert werden, es aber schon immer in unregelmäßigen Abständen erhöhte Winterverluste von durchschnittlich über 30 % gab.

Pflanzenschutzmittel-Vergifungen können Bienensterben hervorrufen (Dr. Werner von der Ohe)

Sehr große Bedeutung kommt der Honigbiene bei der Bestäubung von Kulturpflanzen zu. In landwirtschaftlichen und gärtnerischen Kulturen ist der Einsatz von Pflanzenschutzmitteln oftmals unverzichtbar. Das Pflanzenschutzgesetz regelt grundsätzlich den Umgang mit Pflanzenschutzmitteln. Die Honigbiene wird durch die „Verordnung über die Anwendung bienengefährlicher Pflanzenschutzmittel" (Bienenschutzverordnung) geschützt.

Im Rahmen der Zulassung werden Pflanzenschutzmittel bezüglich ihrer Bienengefährlichkeit mit unterschiedlichen Auflagen versehen. „Nicht bienengefährliche" Pflanzenschutzmittel dürfen in die Blüte gespritzt werden. Für „bienengefährliche" Pflanzenschutzmittel gibt es erhebliche Auflagen. So dürfen sie u.a. nicht auf blühende oder von Bienen beflogene Kulturen sowie im 60 m Umkreis um einen Bienenstand ausgebracht werden. Durch Fehlanwendungen kann es zu Bienenvergiftungsschäden kommen. Bei den häufigsten zu verzeichnenden Fehlern handelt es sich um Frevel, zu hohe Dosierungen oder die Anwendung von bienengefährlichen Präparaten in blühenden und/ oder von Bienen beflogenen Kulturen.

Akute Schädigungen durch Vergiftung sind leicht zu erkennen: Die Völker haben keine oder nur noch wenige Flugbienen, der Boden vor den Fluglöchern ist übersät mit toten sowie krabbelnden, hüpfenden oder kreiselnden Bienen und in der Beute befinden sich ebenfalls abgestorbene Bienen.

Wird eine Bienenvergiftung durch Pflanzenschutzmittel vermutet, sollte der Imker sofort unter Zeugen (Vertreter des Pflanzenschutzdienstes, Polizei und/oder Gesundheitsobmann des Imkervereins) den Fall dokumentieren und Probenmaterial von toten Bienen, behandelten Pflanzen und ggf. eine Spritzmittelprobe an die Untersuchungsstelle für Bienenvergiftungen der Biologischen Bundesanstalt in Braunschweig (BBA) senden.

Forschungsarbeiten haben gezeigt, dass die Pollenversorgung der Bienen einen erheblichen Einfluss auf die Empfindlichkeit der Bienen hat. Bei guter Pollen- und damit Proteinversorgung ist die Physiologie des Körpers gegenüber Giften besser geschützt als bei entsprechendem Mangel. Ebenso kann die gleichzeitige Belastung von Bienen mit Varroaziden und Pflanzenschutzmitteln zu einer erhöhten Mortalität führen.

Die Autoren halten es für wichtig, das Varroa-Bekämpfungskonzept und die Spätsommerpflege konsequent als Bestandteil guter imkerlicher Praxis umzusetzen. Hier gäbe es nach wie vor einen enormen Schulungsbedarf innerhalb der Imkerschaft.

Die Studie legt ein großflächiges, landesweites Bienenmonitoring nahe. In 2004 wurde diese Idee als deutsches Monitoring „Debimo" (siehe www.ag-bienenforschung.de) umgesetzt. Europäische Monitoring-Projekte folgen.

Klärungsbedarf: Totenfall durch z. B. Ameisensäure oder Pflanzenschutzmittel.

Integriertes Varroa-Bekämpfungskonzept

Modernes, integriertes Bekämpfungskonzept

Anforderungen

Ein integriertes Bekämpfungskonzept sollte folgende Anforderungen erfüllen:

▸ Die nötigen Eingriffe sollten kombinierbar mit anderen Arbeitsschritten an den Bienenvölkern sein, um einen möglichst geringen Mehraufwand zu verursachen.

▸ Die Milbenpopulation sollte über die ganze Saison unter der Schadensschwelle gehalten werden. Die Winterbienenpopulation sollte ab August von vitalen Ammenbienen aufgezogen werden.

▸ Es sollten nur noch Medikamente angewendet werden, die keine Rückstände in den Bienenprodukten, insbesondere in Wachs und Honig, verursachen. Hierfür stehen an erster Stelle die organischen Säuren (Ameisen-, Milch- und Oxalsäure) und bei vorsichtigem Umgang auch Thymol zur Verfügung.

▸ Keine Verwendung von Medikamenten, die Resistenzen bei den Milben erzeugen. Die Kombination biotechnischer und chemischer Bekämpfung reduziert die Milbenzahl auf unterschiedlichen Wegen. Resistenzen werden auch dadurch vermieden, dass zur Sommer- und Winterbehandlung unterschiedliche Wirkstoffe verwendet werden.

▸ Die Ablegerbildung (Jungvölker) stellt eine Sicherheit in Form von Reservevölkern dar und kann auch die Bau- und Königinerneuerung erleichtern.

Brutableger benötigen intensive Betreuung.

▸ **Entwicklung von Bekämpfungskonzepten**

Die Umsetzung dieser Anforderungen in der Varroabekämpfung sind und waren Ergebnisse eines langjährigen Prozesses von Versuchen von Bieneninstituten und Imkern – europaweit. Deshalb ist es nicht verwunderlich, dass in vielen Bekämpfungskonzepten diese Bekämpfungsschritte genauso oder leicht modifiziert dargestellt werden. Seit einigen Jahren sind die meisten Konzepte auf den Webseiten der Bieneninstitute und Verbände zu finden.

ÜBERREGIONALE KONEZPTE ▸ Es gibt überregionale Bekämpfungskonzepte, wie z.B.:

▸ die vom Schweizer Zentrum für Bienenforschung erarbeitete „Strategie zur alternativen Bekämpfung von *Varroa destructor* in Zentraleuropa" 2003 (www.alp.admin.ch)

▸ „Varroa unter Kontrolle" – die Empfehlung der Arbeitsgemeinschaft der Institute für Bienenforschung e.V. (aktualisiert in der 2. Auflage 2007) (www.ag-bienenforschung.de)

▸ „Varroa-Bekämpfung, Einfach – sicher – erfolgreich", Broschüre zum Seminar, Österreichischer Imkerbund (www.imkerbund.at)

REGIONALE KONZEPTE ▸ Regionale Bekämpfungskonzepte enthalten im Gegensatz zu den überregionalen mehr Details für bestimmte Betriebsweisen, Beuten oder Trachtnutzungen. Hier nur wenige Beispiele:

▸ „Varroa-Bekämpfungskonzept für Niedersachsen" vom LAVES (Institut für Bienenkunde Celle, 2006)

▸ „Varroose-Bekämpfungskonzept Baden-Württemberg" (2007)

▸ Konzept zur integrierten Varroabekämpfung in der Praxis (Oberösterreichischer Landesverband für Bienenzucht, Österreichisches Imkereizentrum 2001)

▸ Konzept zur alternativen Varroabekämpfung „Varroa-Fenster: April bis November" vom Schweizer Zentrum für Bienenforschung (1998)

Integrierte Varroabekämpfung in Wirtschaftsvölkern

Die Bekämpfung der Varroamilben wird in Wirtschaftsvölkern über das Bienenjahr verteilt in drei Schritten mit unterschiedlichen Methoden durchgeführt:

1. Frühjahrsmaßnahmen April bis Ende Juni

▸ Drohnenbrutschneiden möglichst 2–3 mal (biotechnische Maßnahme)

▸ Brutableger bilden (biotechnische Maßnahme), die biotechnisch oder mit Varroa-Medikamenten behandelt werden können.

2. (Spät-)Sommerbehandlung nach der letzten Honigernte Mitte Juli bis Ende September

▸ Anwendung von Ameisensäure oder Thymol vor und nach der Wintereinfütterung. Die meisten Milben sitzen in der Brut, deshalb ist die Ameisensäurebehandlung optimal. Dagegen muss Thymol über einen längeren Zeitraum angewendet werden. Es wird keine 100 %ige Wirksamkeit angestrebt, da durch Räuberei und Verflug noch Milben bis zum Herbst in die Völker eingetragen werden.

3. Winterbehandlung November/ Dezember

▸ Anwendung von Oxalsäure in brutlosen Völkern. Eine möglichst hohe Wirksamkeit der Behandlung reduziert die Milbenpopulation im Folgejahr!

▸ **Zeitpunkte der Bekämpfungsschritte**

Die genauen Zeitpunkte der Bekämpfungsschritte müssen an die Entwicklungssituation der Völker, die Betriebsweise der Imkerei (siehe Seite 60–65), der Trachtsituation und den zeitlich jeweils nötigen imkerlichen Arbeitsschritten durch den jeweiligen Imker angepasst werden:

FRÜHE SOMMERBEHANDLUNG NACH DER ERNTE DER LINDENTRACHT ▸ Viele Imker beenden bereits nach der Ernte der Lindentracht (ca. Anfang/ Mitte Juli) die letzte Honigernte des Jahres. Sie können deshalb mit der (Spät-)Sommerpflege und -behandlung

sehr früh beginnen: Nach einer Kurzbehandlung mit Ameisensäure folgen
Auffütterung und eine Langzeitbehandlung. Diese frühzeitige Behandlung hat
den Vorteil, dass die Milbenpopulation
noch deutlich vor der Produktion der
Winterbienen reduziert wird bzw. stark
varroabefallene Völker noch eine Chance haben, sich bis zur Winterbienen-
produktion (August/September bis
Oktober) ausreichend zu regenerieren.
Der frühe Behandlungsbeginn macht
in Jahren mit einem lang anhaltenden,
warmen und trachtreichen Spätsom-
mer/Herbst eine weitere Kurzbehandlung etwa Ende September notwendig.
Hierdurch werden die Milben, die
durch verstärkte Reinvasion in die Völker eingetragen wurden, bekämpft.

SPÄTE SOMMERBEHANDLUNG NACH
DER ERNTE DER SPÄTTRACHT ▸ Völ-
ker, die noch die Spättracht, Wald- oder
Heidetracht nutzen, können bis zur
letzten Ernte ausschließlich mit biotechnischen Methoden (z.B. Drohen-
brutschneiden, Brutablegerbildung) vor
einer zu großen Milbenpopulation geschützt werden, da eine chemische
„Zwischenbehandlung" nicht möglich
ist. Daher erfolgt die medikamentöse
Milbenbekämpfung erst nach der Spät-
trachternte Anfang/Mitte September.
Stark Varroa-befallene Völker werden
so erst sehr spät von einem Großteil
der Milben befreit. Diese Völker zeigen
häufig zum Behandlungsbeginn deutli-
che Schäden an Bienen, wie z.B. verkrüppelte Flügel oder auch Brutschäden (siehe Seite 14,23). Diese geschä-
digten Völker haben eine geringe Über-
lebenschance – deshalb empfiehlt es
sich häufiger, derartige Völker nach der
Behandlung aufzulösen.

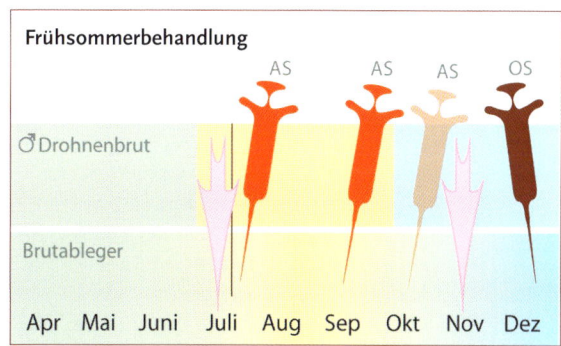

Schematische Darstellung der Frühsommerbehandlung. Im Frühjahr wird über
Drohnenbrutausschneiden und Brutablegerbildung die Milbenmenge redu-
ziert. Ab der letzten Schleuderung (Linde – roter Strich) können Medikamente
eingesetzt werden. Symbol Spritze AS: Ameisensäure-Anwendung (1. Behand-
lung Kurzzeitbehandlung, 2. Behandlung Langzeitbehandlung. In sehr langen
Bienensaisons ist manchmal eine 3. Behandlung sinnvoll). In der brutlosen
Winterzeit (Nov./Dez.) kann Oxalssäure (OS) angewendet werden. Die beiden
Pfeile markieren die Zeitpunkte zur bestimmung des natürlichen Milbenfalls.

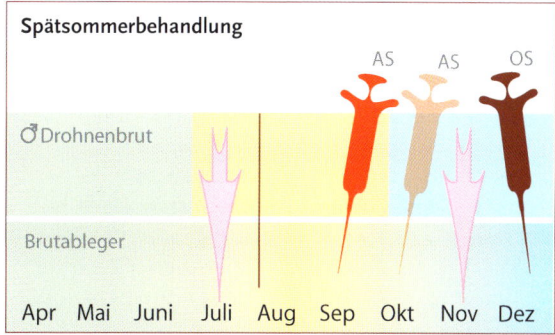

Schematische Darstellung der Spätsommerbehandlung: Es sind nur
1–2 Ameisensäure-Behandlungen nötig/möglich. Die Oxalsäurebehandlung
erfolgt wie die Milbendiagnose zum gleichen Zeitpunkt wie bei derFrühsom-
merbehandlung. Roter Srich = Trachternte

▸ Bestimmung des natürlichen
Milbenfalls (Diagnosewindel)
Die Abschätzung der Milbenpopulation
erfolgt zweckmäßig über die Erfassung
des *natürlichen Milbenfalls* (siehe auch
Seite 30) und sollte zu (mindestens)
zwei Zeitpunkten erfolgen:

▸ Zwischenbehandlung

Eine Anwendung von Medikamenten zwischen zwei Trachten (z.B. vor der Spättracht) innerhalb desselben Jahres ist aufgrund der Rückstandsgefahr nicht zulässig und sinnvoll. Medikamentenrückstände lassen sich später sogar im Honig nachweisen, obwohl dieser während der Behandlung gar nicht anwesend war. Deshalb kann im Frühjahr und Sommer nur mit biotechnischen Maßnahmen die Reduzierung der Milbenpopulation erfolgen. Erst *nach* der letzten Honigernte wird die Sommerbehandlung mit Medikamenten durchgeführt!

In seltenen Fällen müssen die Bienen mit *einer Notbehandlung* vor der letzten Honigentnahme gerettet werden. Entweder man verzichtet auf die Honigernte und belässt die Waben im Volk, oder die Honigwaben werden vor der Ameisensäure-Anwendung auf andere Völker verteilt.

▸ **vor Beginn der Sommerbehandlung**, zur Einschätzung der Ausgangssituation vor Behandlungsbeginn,

▸ **vor der Winterbehandlung** zur Überprüfung, ob die Winterbehandlung überhaupt notwendig ist.

Der *medikamentenbedingte Milbenfall* wird während und 2 bis 3 Wochen nach Abschluss der Anwendung bei der (Spät-)Sommerbehandlung und der Winterbehandlung bestimmt. Dies ermöglicht die Beurteilung der Wirksamkeit der Behandlung.

▸ Überwinterungsstärke und Spätsommerpflege

Dr. Rosenkranz und Dr. Liebig heben als wichtige Punkte zur Vermeidung von Völkerverlusten die konsequente Spätsommerpflege hervor, die sie in die Bekämpfungskonzepte haben einfließen lassen:

▸ Langjährige populationsdynamische Untersuchungen von Dr. Liebig zeigen,

Natürlicher Milbenfall	Zeitpunkt zum Einlegen der Diagnosewindel (*)	Starker Milbenfall – Hinweis auf nötige Behandlung
vor Beginn der Sommerbehandlung	Juni bis Mitte Juli	mehr als 10 Milben pro Tag (**)
vor Beginn der Winterbehandlung	November/ Anfang Dezember	mehr als 0,5 Milben pro Tag (***)

*) Diagnosewindel 1–2 Wochen im Volk - wöchentliche Kontrolle und Säuberung der Diagnosewindel empfohlen.

(**) Meist wird eine baldige Behandlung bei mehr als 10 Milben pro Tag empfohlen und bei mehr als 30 Milben pro Tag die Schadensschwelle für überschritten gehalten. Andere Autoren halten 30 Milben pro Tag für unproblematisch, solange das Bienenvolk sich noch in der aufsteigenden Entwicklungsphase – bis Ende Juni/Anfang Juli – befindet und früh mit der Sommerbehandlung begonnen wird. Wenn bereits im Frühjahr hohe Milbenfallraten (über 10 Milben pro Tag) gezählt werden, darf auf keinen Fall auf die biotechnischen Bekämpfungsmethoden wie Drohnenbrutschneiden und Brutablegerbildung verzichtet werden. Die Völker würden den frühen Behandlungstermin nicht mehr oder nur noch sehr stark geschädigt erreichen.

(***) Einige Bekämpfungskonzepte empfehlen neuerdings generell die Winterbehandlung, um die Milbenpopulation im nächsten Bienenjahr möglichst klein zu halten.

dass bei Volksgrößen von mehr als
5.000 Bienen im Oktober kaum Winterverluste auftraten. Hohe Winterverluste gab es bei schwächeren Völkern
mit weniger als 2.500 Bienen: Bis zu
75 % der Bienenvölker gingen trotz an-
sonsten guter Pflege ein. In der Praxis
verpassen viele Imker diese Maßnahme
des Auflösens. Das liegt vermutlich dar-
an, dass es für viele Imker schwierig ist,
im August zu beurteilen, wie stark das
Bienenvolk zur Einwinterung sein wird.
▸ Die Völker sollen rechtzeitig gefüttert
werden, damit die Winterbienen diese
Tätigkeit nicht mehr ausführen
müssen.
▸ Evtl. Auswechseln von Königin im
Rahmen der Spätsommerpflege.
▸ Nutzung des Zeitpunktes zur Wabenerneuerung.
Dr. Liebig propagiert die Kombination
der wichtigsten Arbeitsschritte wie in
der Abbildung dargestellt und kann
hierbei viele Arbeitsschritte zeitsparend
und effektiv erledigen: Nach der letzten
Ernte wird das Wirtschaftsvolk auf eine
Zarge zusammengedrückt. Zur Erweiterung wird eine Zarge mit ausgeschleuderten, hellen Honigwaben aufgesetzt (Wabenerneuerung; hier gibt es
einige Alternativen, z.B. die Wegnahme
der unteren, nicht mehr besetzten
Brutzarge im zeitigen Frühjahr). Nach
der ersten Behandlung mit Ameisensäure (Kurzbehandlung) füttert er die
Völker mit 3 × 10 Litern Futter auf – die
benötigten Futtermengen sind jedoch
regional sehr unterschiedlich. Das Futter wird überwiegend in die obere Zarge mit hellen Waben eingelagert. Die
obere Zarge ist im nächsten Jahr der
obere Brutraum mit hellen Brutwaben!
Die Brut im Spätsommer/Herbst wird
meist in der unteren Zarge angelegt.

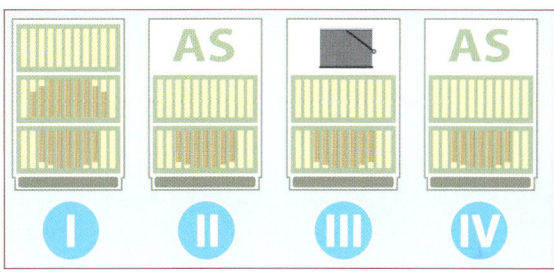

Grafische Darstellung der Spätsommerpflege (nach Liebig, verändert): (I)
Volk vor der letzten Ernte, (II) nach der letzten Ernte wird das Volk auf eine
Zarge zusammengedrückt, eine Zarge mit ausgeschleuderten, hellen Waben
aufgesetzt und die erste AS-Behandlung (Kurzzeit) durchgeführt. (III) Auffütterung, (IV) zweite AS-Behandlung (Langzeit).

Der Einfütterung schließt er die Langzeitbehandlung mit Ameisensäure an.

Einige dieser Schritte wie z.B. Um-
weisung oder Wabenerneuerung werden bei anderen Betriebsweisen zu ab-
weichenden Zeitpunkten erledigt (siehe auch Seite 60–65). Alternativer Einsatz von Thymol anstelle von Ameisensäure siehe Seite 51 f.

Varroabehandlung bei Ablegervölkern (Jungvölker)

Man kann Ableger (Jungvölker) in zwei
Kategorien einteilen:

▸ 1. Brutableger

Ableger können zum einen als „Varroa-
Entlastung" der Wirtschaftsvölker dienen: Brutableger enthalten relativ viele
Milben in der Brut – deshalb sollte die
Varroabehandlung immer vorgenommen werden. Die möglichen Behand-
lungszeitpunkte ergeben sich auch nach
der Wahl des Medikamentes (siehe Tabelle) bzw. nach folgenden Gesichts-
punkten: Behandlung bald nach der Bildung, während des Vorhandenseins von
verdeckelter Brut oder (spätestens) nach

Schlupf der Brut und dem Einsetzen der Eiablage der neuen Königin.

▸ 2. Kunst- oder Naturschwärme

Im Frühjahr gebildete Kunstschwärme oder Naturschwärme aus „normalen", d.h. *varrroaarmen* Völkern (Völker, die mittels integrierter Varroabekämpfung mit einer möglichst geringen Varroapopulation leben) sind dagegen Varroaarme Ableger, die auch ohne medikamentöse Behandlung eine Spättracht nutzen könnten.

Varroa-reiche Kunst- und Naturschwärme sollten dagegen immer möglichst bald medikamentös behandelt werden, damit sich diese Völker optimal

Brutableger benötigen intensive Betreuung. Ein Schwarm kann viele Milben tragen – die medikamentöse Behandlung ermöglicht den Aufbau eines vitalen Volkes.

entwickeln können. Die Varroa-Ausgangssituation kann zum einen vor der Bildung der Kunstschwärme über den natürlichen Milbenfall der Herkunftsvölker überprüft werden. Zum anderen können Kunst- wie auch Naturschwärme während der etwa zweitägigen Kellerhaftphase mit einer Diagnosewindel auf Varroabefall überprüfen. Hier liegen wenige Grenzwerte vor, deshalb sollte man eigene Erfahrungswerte ausprobieren: Fallen z.B. insgesamt mehr als fünf Milben, sollte eine Varroabehandlung vorgenommen werden.

▸ Varroabehandlung bei Ablegervölkern

Die folgende Tabelle zeigt die Möglichkeiten der natürlichen und medikamentösen Varroabehandlung bei Ablegervölkern auf. Die Medikamente sollten jedoch nicht miteinander kombiniert werden! Erst zur Winterbehandlung kann ggf. auf Oxalsäure umgestiegen bzw. erneut Oxalsäure geträufelt werden.

Ablegertyp/ -zustand	Drohnenfangwabe	Ameisensäure (*)	Milchsäure gesprüht	Oxalsäure geträufelt
Brutableger mit verdeckelter Brut	Anwendung möglich	1 x oder 2 x im Abstand von mind. 7 Tagen Kurzzeitbehandlung	Mehrfach, z.B. bei jeder Kontrolle	Nicht sinnvoll: Keine Wirkung auf Brutmilben
Brutableger mit nur offener Brut	Anwendung möglich	1 x Kurzzeitbehandlung	1–2 x im Abstand von wenigen Tagen	1 x geträufelt
Kunstschwarm, Naturschwarm	Anwendung erst sinnvoll, wenn Königin in Eiablage geht	Nicht möglich (Verbrausen)	Erst sinnvoll nach Wabenbau. 1–2 x im Abstand von wenigen Tagen	1 x geträufelt während der Kellerhaft oder spätestens vor Verdecklung der neuen Brut

(*) Bauart des Ablegerkastens berücksichtigen, z. B. kleines Flugloch vergrößern oder Lüftungsgitter schließen. Ggf. Dosierung bei 60 %iger Ameisensäure von 2 ml je Wabe auf 1 bis 1,5 ml je Wabe reduzieren.

Anmerkung: Die Anwendung von Thymol bei Ablegervölkern wird von einigen Herstellern ebenfalls empfohlen. Es liegen zur Zeit keine Bewertung dieser Methode vor.

Varroabekämpfung Schritt für Schritt

Biotechnische Milben-bekämpfungsmethoden

Unter biotechnische Bekämpfungs-maßnahmen versteht man die Metho-den, die ohne den Einsatz von Chemie und unter Ausnutzung der biologi-schen Gegebenheiten arbeiten. Fünf Verfahren wurden bisher entwickelt: Drohnenbrutschneiden, Brutpause, Brutableger- und Kunstschwarmbil-dung und Fangwabe.

▶ Drohnenbrutschneiden

Die Milben suchen für ihre Vermeh-rung mehr als viermal lieber Drohnen-brut als Arbeiterinnenbrut auf. Deshalb kann man die Milbenpopulation durch die Entnahme verdeckelter Drohnen-brut verringern: In der Drohnenbrut sind die Milben „gefangen", die nun vernichtet werden. Dieses effektive und weit verbreitete Verfahren nennt man auch „Drohnenbrutentnahme" oder „Drohnenschneiden". Normale Völker verkraften diesen Eingriff und den Ver-lust von Drohnenbrut problemlos.

ARBEITSWEISE BEI DER DROHNEN-BRUTENTNAHME ▶ Dieses Verfahren ist nur dann wirksam, wenn man die Menge an Drohnenbrut durch angebo-tenen Drohnenwaben bzw. Baurahmen steuert und so das Anlegen von Droh-nenecken auf den Brutwaben (überwie-gend) verhindert wird. Mit „frei schlüp-fenden" Drohnen steigt die Milbenpo-pulation, durch ausgeschnittene, verde-ckelte Drohnenbrut sinkt diese.

JAHRESZEIT UND DURCHFÜHRUNG
▶ Der Drohnenbaurahmen besteht aus einem leeren Rähmchen mit oder meist ohne Anfangsbaustreifen.
▶ Je eher Sie mit der Maßnahme begin-nen, desto effektiver können Sie die Vermehrung der Milben bremsen: Den ersten Baurahmen können sie je nach Witterungsentwicklung bereits im März in die Völker nahe an das Brut-nest stellen.
▶ Ab April sollte der Baurahmen **mittig** im Brutnest stehen, damit er schnell ausgebaut und bestiftet wird. Nach zwei bis drei Wochen ist die Brut weit-

Abfegen der Droh-nenwabe vor dem Ausschneiden.

Geteiltes Drohnen-rähmchen, hier wurden beide Hälften gleichzeitig bebrütet.

Dieser Imker entdeckelt die Drohnenbrut mit einem scharfen Messer.

Kontrolle der herausgeklopften Drohnenbrut.

gehend verdeckelt und sollte nach dem Abfegen der Bienen ausgeschnitten werden. Den Baurahmen können Sie danach wieder in das Volk hängen.

In starken Völkern können Sie dann bereits mit zwei Drohnenrahmen arbeiten: Ein Rahmen wird meist bestiftet, während der andere erst noch ausgebaut wird.

▸ Die Drohnenrähmchen sollten zum schnelleren Auffinden auf dem Rähmchenoberträger markiert werden (z.B. Reißzwecke oder Farbmarkierung).

▸ Ist Ihnen die Drohnenbrut versehentlich oder planmäßig geschlüpft? Mit dem nächsten Drohnenbrutschneiden können Sie die Milbenentwicklung wieder etwas bremsen. Wenig Drohnenausschneiden ist immer noch effektiver als gar nicht.

VERWERTUNG ODER „ENTSORGUNG" DER DROHNENBRUT? ▸ Man kann die Brut ins Tiefkühlfach legen, um die Drohnen abzutöten. Nach 24 Stunden sind sowohl Drohnen als auch Milben tot. Die weitere Verwendung hängt von den Möglichkeiten ab, die jeder Imker hat:

▸ Einschmelzen im Sonnenwachsschmelzer (Geruchsentwicklung und „Sauerei" bei vielen Drohnenwaben)

▸ Dampfschmelzer: Schnelles Einschmelzen vieler Waben und schnelle Wachsgewinnung möglich.

▸ In Kleinimkereien in der Großstadt kann die Entsorgung im Restmüll auch eine Lösung sein, wenn dieser in der Müllverbrennungsanlage angeliefert wird. Das Wachs geht dann natürich verloren.

Keine Lösungen sind:

▸ Das Zurückhängen der „vollen" Drohnenwaben mit Drohnenbrut, z.B. nach

> ### ▸ Weitere Effekte des Drohnenbrutschneidens

Sie können am Drohnenrahmen – wie früher in den Hinterbehandlungsbeuten – den Zustand des Volkes beurteilen z.B.: Eintretende Tracht fördert das Bauen erheblich, Weiselnäpfchen kündigen den Schwarmtrieb an. Durch die Entnahme der Drohnenbrut wird Eiweiß aus dem Volk genommen. Es wird wieder Futtersaft der Ammenbienen für die Aufzucht neuer Drohnenlarven benötigt – dies hat einen kleinen schwarmdämpfenden Einfluss!

dem Tieffrieren oder nach der Entdeckelung mit der Entdecklungsgabel oder dem Entdecklungsmesser: Mögliche Krankheitserreger (z.B. Viren) werden durch Stockbienen aufgenommen.

▸ „Offenes Ausfressenlassen" durch Vögel. Hierdurch können evtl. vorhandene Faulbrutsporen verbreitet werden. Außerdem entsteht leicht Räuberei, die zur starken Verbreitung von Krankheiten führt. (Verstoß gegen die Bienenseuchen-Verordnnung). Alternative: Die Verfütterung z.B. an Hühner kann im Stall erfolgen.

> ### ▸ Brutpause – Stopp der Milbenvermehrung

Ist ein Volk im Frühjahr oder Sommer über längere Zeit (zwei bis drei Wochen) brutlos, dann sitzen die meisten Milben nach dem Schlupf der letzten Brut auf den Bienen. Die Brutpause kann durch Schwärmen oder Entnahme der Königin (z.B. Bildung eines Königinablegers, siehe auch Seite 60–65) erreicht werden. Generell bedeutet eine Brutpause ein Stoppen der Milbenvermehrung – aber keine Reduzierung der Milbenpopulation. Mit der Wiederaufnahme des Brutgeschäftes wird die nächste Bienenbrut von den vorhandenen Milben befallen. Hier kann das Drohnenfangwabenverfahren angeschlossen werden.

▸ Brutablegerbildung

Im Frühjahr und Frühsommer sind die meisten Milben in der Brut. Wirtschaftsvölker werden entlastet, indem mit verdeckelten Brutwaben automatisch auch Milben aus den Völkern genommen werden. Brutableger stellen Reservevölker dar. Brutableger können jederzeit mit Medikamenten behandelt werden, wenn sie im selben Jahr nicht zur Honiggewinnung genutzt werden. Nach dem Schlupf der Brut kann auch eine Drohnenfangwabe eingesetzt werden, um auf biotechnischem Wege die Milbenzahl zu reduzieren.

▸ Kunstschwarmbildung

Da im Frühjahr die meisten Milben in der Brut sitzen, bedeutet dies, dass gebildete Kunstschwärme Varroa-arm sind. Mit derartigen Kunstschwärmen kann man neue Völker aufbauen, die erst – wie Wirtschaftsvölker – zu einem späteren Zeitpunkt mit Medikamenten behandelt werden. Kunstschwärme aus Varroa-reichen Völkern sollten möglichst bald mittels Drohnenfangwabe und/oder Medikamenten behandelt werden (siehe Seite 32).

Beim Celler Rotationsverfahren, eine spezielle Betriebsweise, werden im Frühjahr Kunstschwärme gebildet. Die Altvölker, die noch die Spättracht nutzen, werden nach der letzten Ernte

ebenfalls zu Kunstschwärmen umgewandelt und einer Milbenbehandlung unterzogen. Diese Kunstschwärme werden den Jungvölkern zugeschlagen (siehe auch Seite 61 f).

Der Kunstschwarm „startet" auf Mittelwänden, je nach Verwendungszweck kann direkt oder erst nach der Ernte die medikamentöse Varroabehandlung durchgeführt werden.

▸ Drohnenfangwabe

Dieses Verfahren wirkt in brutlosen Völkern:

▸ in Völkern, deren Brut geschlüpft ist z.B. nach Entnahme der Königin oder nach Volksteilung (siehe Betriebsweisen S. 60–65),

▸ in Kunst- und Naturschwärmen (möglichst nach Beginn der Eiablage).

Die Brut der Drohnenfangwabe sollte kurz vor der Verdeckelung stehen, wenn sie in das „Empfängervolk" eingesetzt wird.

Ist sämtliche Brut geschlüpft, gibt man in das Volk eine unverdeckelte Drohnenbrutwabe, bestiftet oder mit Rundmaden, die vor der Verdeckelung stehen. In die Drohnenbrut begeben sich die Milben zur Vermehrung. Nach der Zellverdeckung wird die Drohnenwabe entnommen und wie eine Drohnenwabe behandelt (siehe Seite 33). Mit diesem Verfahren können mit einer Drohnenwabe bis zu 80 % der Milbenpopulation abgetötet werden.

Die für dieses Verfahren benötigten Drohnenbrutwaben kann man aus starken Wirtschaftsvölkern mit zwei oder gar drei Drohnenwaben entnehmen.

Bannwabentasche mit Absperrgitter: Die Königin wird auf der Wabe in der Tasche gebannt.

▸ Bannwabe

Man kann die Königin etwa im Juni auf einer Leerwabe mittels einer Bannwabentasche käfigen. Nach zehn Tagen wird die Königin auf einer neuen Leerwabe bekäfigt und die bestiftete Brutwabe bis zu ihrer Verdeckelung im Volk belassen. So wird alle zehn Tage die Königin auf eine neue Leerwabe „gebannt" und die verdeckelte Brutwabe entnommen und entweder in einem Ableger mit Ameisensäure behandelt oder notfalls vernichtet. Dieses Verfahren wird dreimal ausgeführt und somit

die Milbenpopulation reduziert. Dieses Verfahren hat sich jedoch nicht durchsetzen können, da dabei die Entwicklung des Volkes stark gebremst wird

Varroabekämpfung mit „weicher Chemie"

Das Abtöten der Varroamilben erfordert aggressive Chemie, die gut dosiert möglichst viele Milben abtötet und gleichzeitig die Bienen nicht oder nur wenig beeinträchtigt. Jedes Medikament hat jedoch Nebenwirkungen, sodass der Begriff „weich" einen anderen Hintergrund hat: Die Rückstände der zur „weichen Chemie" zählenden organischen Säuren Ameisen-, Milch- und Oxalsäure und (bei vorsichtiger Anwendung) auch des ätherischen Öls Thymol sind unproblematisch bzw. verlassen das Wachs wieder (siehe Seite 67–72). Diese Wirkstoffe führen mit hoher Wahrscheinlichkeit auch nicht zu Resistenzen bei den Milben.

Zur „harten Chemie" werden fettlösliche, komplexe Wirkstoffe gerechnet, deren Rückstände sehr lange im Wachs verbleiben (siehe Seiten 54, 66). Auftre-

▸ Welche Präparate?

Für die Anwendung der organischen Säuren und des Thymols gibt es in Deutschland, Österreich und der Schweiz zugelassene, in der Apotheke/dem Handel erhältliche Präparate. Da sich die gesetzlichen Bestimmungen ändern, sollte man sich hierüber vor dem Kauf und der Anwendung der Präparate informieren. Die Anfrage beim Bieneninstitut oder Imkerverband schafft Klarheit.

tende Resistenzen haben bereits einige dieser Wirkstoffe für die Imkerpraxis unbrauchbar gemacht. Die „Philosophie" dieses Buches ist der völlige Verzicht auf die „harte Chemie", nachdem Tausende von Imkereien erfolgreich mit „weicher Chemie" imkern.

Ameisensäure

Die Ameisensäure ist bereits in den ersten Jahren der Varroose als Medikament ins Spiel gebracht worden. Die Ameisensäure verdunstet in der Bienenbeute und schädigt sowohl Milben auf den Bienen als auch in der Bienenbrut. Ameisensäure ist das einzige Medikament, das auch Brutmilben erreicht! Selbst die „harte Chemie" hat diese Wirkung nicht!

Die Säure lässt sich unter Berücksichtigung einfacher Schutzmaßnahmen leicht anwenden. Hauptanwendungszeit für Wirtschaftsvölker ist die Sommerbehandlung. Das macht sie auch wertvoll für eine schnelle Notbehandlung.

▸ Allgemeine Hinweise zur Anwendung von Ameisensäure

Zulassung: In Deutschland ist die 60%ige Ameisensäure zur Anwendung bei Tieren in Verbindung mit einem Verdunster mit Unterduck (Vogeltränkeprinzip) zugelassen. Sie ist z. Zt. über Apotheken und Veterinärämter erhältlich. Dort können auch die Hersteller erfragt werden. 2007: Ameisensäure ad us. Vet.® (Serum-Werk Bernburg AG). In der Schweiz und Österreich sind die Zulassungsbedingungen nicht so eng gefasst. Für die 85%ige Ameisensäure und für andere Anwendungsformen/Verdunster liegt z. Zt. keine

Zulassung in Deutschland vor – erfahrungsgemäß kommen sie aber zur Anwendung.

Anwendungszeitpunkt: Wirtschaftsvölker dürfen nur nach der letzten Ernte, Ableger (ohne Honigernte) jederzeit mit Ameisensäure behandelt werden. Eine „Zwischenbehandlung" vor der Spättracht ist wegen möglicher Rückstände im Honig weder empfehlenswert noch zulässig.

Fütterung: Meist ist die Fütterung von Futterteig während der Ameisensäure-Anwendung unproblematisch und fördert die Bienenaktivität. Die Flüssigfütterung sollte während der Anwendung unterbleiben, da die dadurch erhöhte Feuchtigkeit in der Stockluft die Säure abfangen bzw. „verdünnen" könnte. Dadurch wird die Wirksamkeit ggf. herabgesetzt – diese Einschätzung ist jedoch nicht unumstritten.

Niederschläge: Starke Niederschläge können ebenfalls zur Verdünnung des Säuregehaltes in der Stockluft führen, wodurch die Wirksamkeit der Säure herabgesetzt wird. Wenn sich die Anwendung um Stunden oder wenige Tage verschieben lässt, sollte dies getan werden.

Weiselrichtige Völker: Ameisensäure kann ohne Probleme in weiselrichtigen Völkern bzw. in Völkern mit Brut angewendet werden. Bei weisellosen Völkern ist die Gefahr des Ausziehens der Bienen größer. Es gibt Imker, die erfolgreich weisellose Brutableger oder Brutableger mit Weiselzellen mit Ameisensäure behandeln. Hier ist Fingerspitzengefühl gefragt, ggf. muss man bei starker Reaktion der Bienen die Behandlung abbrechen.

Schwärme oder Kunstschwärme: Ameisensäure ist zur Behandlung von

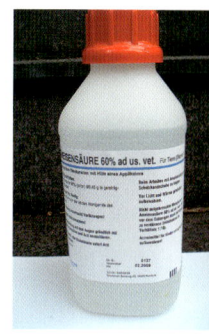

Für die Behandlung von Bienen in Deutschland zugelassene 60%ige Ameisensäure.

Keine Flüssigfütterung während der Ameisensäure-Anwendung!

Die Wirkung von Ameisensäure kann in Holz- und Kunststoffbeuten unterschiedlich sein. Meist sind auch die Beutenböden anders konstruiert.

Tote Milben sind nach der Ameisensäure-Anwendung noch zwei Wochen lang zu finden.

Gitterboden/Lüftungsgitter im Boden immer vor derBehandlung schließen und zum Auffangen von Milben einrichten. Das Flugloch bleibt während der Behandlung normal geöffnet.

Position des Verdunsters: Je näher das Schwammtuch oder der Verdunster am Brutnest bzw. dem Bienensitz steht, desto zuverlässiger verdunstet aufgrund der Wärme und der Ventilation die Säure. Die Eigenheiten der verschiedenen Anwendungsmethoden beachten!

Für Verdunster mit einem Tank ist z.T. eine waagerecht stehende Beute notwendig (s. Herstellerangaben).

Reaktion der Bienen, Überdosierung, Unverträglichkeit: Es ist normal, wenn die Bienen beim Einsetzen eines Ameisensäure-Verdunsters (insbesondere beim Schwammtuch) durch Aufbrausen reagieren. Die verstärkte Ventilation hilft letztendlich auch, die Säure im Stock zu verteilen. Bei höheren Außentemperaturen können die Reaktionen der Bienen stärker sein, z. B. laufen Bienen aus dem Flugloch auf das Flugbrett, ankommende Bienen sind durch den neuen Geruch und das Verhalten dieser Bienen irritiert. Man spricht erst dann von einer Überdosierung, wenn massenhaft Bienen aus der Beute ausziehen. Dann sollte die Behandlung abgebrochen und nach einigen Tagen bei niedrigeren Temperaturen (unter 25 Grad) wiederholt werden. Bei Überreaktionen die Ameisensäure (bzw. das Schwammtuch, den Verdunster) aus dem Volk entnehmen.

Schäden an der Brut sind erst nach Stunden oder Tagen erkennbar, wenn Puppen oder junge, geschlüpfte Bienen herausgetragen werden. Hier sollte man nicht erschrecken, denn einige

Schwärmen oder Kunstschwärmen nicht geeignet: Diese würden verbrausen. Außerdem gelangt wegen der engen Bienentraube die Säure nicht an die Milben (siehe auch Oxal- und Milchsäure).

Beutentyp: Der Beutentyp, die Bauart der Beute wie z.B. Kunststoff- oder Holzbeuten, Gestaltung des Bodens und Fluglochs, Warm- oder Kaltbaustellung der Waben usw. verändern die Wirksamkeit der Ameisensäure. Die angegebene Ameisensäuredosierung sollte bei Spezialbeuten und Ablegerkästen bei Bedarf angepasst werden (Wirkung beobachten, Fingerspitzengefühl).

Hundert tote Bienen sind akzeptabel und werden vom Volk später durch verstärkte Brutaktivität ausgeglichen. Schlimmstenfalls liegt eine tote Königin vor der Beute – sie sollte nach der Behandlung bzw. nach Abbruch der Behandlung ersetzt werden (z.B. Ableger aufsetzen). Diese Nebenwirkungen sind gleichzeitig Anzeichen für die Wirksamkeit der Säure!

Milbenabfall: Die Milben fallen bereits in den ersten Minuten der Anwendung von den Bienen, Brutmilben erst bis zu zwei Wochen später nach Schlupf der Bienen.

Dokumentation der Anwendung: Zum Nachweis der gesetzlich geforderten Behandlung ist diese z.B. in den Stockkarten oder im Bestandsbuch festzuhalten. Dies entspricht auch der guten fachlichen Praxis und erleichtert auch die Fehleranalyse.

Anwenderschutz: Als Schutz reichen Haushalts-Gummihandschuhe (als Einmalhandschuhe) und eine Schutzbrille (!) aus. Säurekontakt auf der Haut sollte mit ausreichend Wasser abgespült werden.

Bei Säurespritzern ins Auge das Auge sofort mit viel Trinkwasser auswaschen, besser noch eine Augenwaschflasche benutzen bzw. für den Notfall bereitstellen – diese ist in der Apotheke erhältlich. Die Säure nur in dafür vorgesehenen Behältern sowie alle mit der Säure in Kontakt gekommenen Gegenstände kindersicher aufbewahren!

Es ist sinnvoll, schon *vor* der Behandlung alle Schutz/Notfallgeräte in erreichbarer Nähe aufzustellen. Bei Verätzungen im Zweifelsfall immer einen Arzt aufsuchen!

Abmessen und Befüllen der Ameisensäure: Sie sollten sich auch aus Grün-

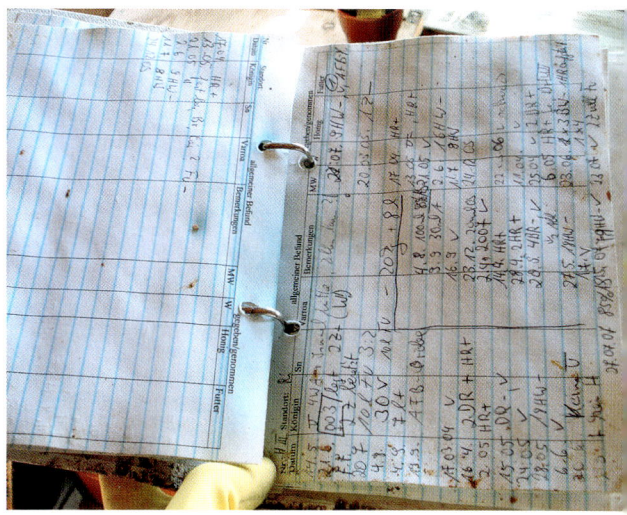

den der Arbeitssicherheit das Abmessen und Befüllen der Verdunster/Trägerstoffe unbedingt erleichtern, denn es ist schwierig, die Säure aus dem dünnen Flaschenhals zu bekommen. Die Verwendung eines Messzylinders oder Trichters ist gefährlich, da man sich die Säure schnell über die Handschuhe gießen kann. Eine Spritze mit einem Gummischlauch als Verlängerung ist dagegen eine einfache Lösung. Man darf im Umgang mit Spritzen nicht zu viel Kraft anwenden, der Spritzenkolben könnte sonst aus der Spritze gezogen werden!

Gekühlte Ameisensäure: Die erste Verdunstungsphase der Ameisensäure kann bei höheren Außentemperaturen leicht gebremst werden, indem die Säure vor der Anwendung im Kühlschrank gekühlt und gut isoliert (z.B. durch ein Handtuch) zum Stand gebracht wird. Alternativ können z.B. Schwammtücher, FAM-Dispenser und Universalverdunster mit Säure befüllt, in Folie eingeschweißt und im Tief-

Tragen Sie bei der Arbeit mit Ameisensäure Gummihandschuhe und Schutzbrille.

Die beiden verkrüppelten Bienen fallen erst beim genauen Hinsehen auf.

kühlfach tiefgefroren werden. Gut wärmeisoliert werden diese Verdunster möglichst kühl in die Völker gebracht.

▸ Kurz- und Langzeitbehandlung

Es gibt zwei unterschiedliche Anwendungsformen der Ameisensäure, je nach Dauer der Behandlung spricht man von einer Kurzzeit- und die Langzeitbehandlung.

KURZZEITBEHANDLUNG ▸ Eine Kurzzeitbehandlung dauert einen bis sieben Tage, die Länge ist abhängig, in welcher Form die Säure in das Volk gebracht wird: Das Schwammtuch verbleibt z.B. nur 24 Stunden im Volk, bei starkem Varroabefall wird die Schwammtuchbehandlung nach vier bis sieben Tagen wiederholt. Andere Verdunster benötigen mehrere Stunden bis zur Entfaltung einer effektiven Wirkung auf die (Brut-) Milben (siehe Einzelbeschreibungen der Verdunstertypen). Mit einer Kurzzeitbehandlung wird die Milbenpopulation bereits stark gebremst. So wird Zeit für die Phase der Einfütterung gewonnen, während die nächste Bienenbrutgeneration „milbenarm" entsteht.

LANGZEITBEHANDLUNG ▸ Der Ein-fütterung wird dann eine Langzeitbe-handlung angeschlossen, die aus einer langen Anwendung mit einem Ver-dunster oder einer wiederholten Kurz-zeitanwendung mit dem Schwamm-tuch besteht. Sie dauert meist zehn bis vierzehn Tage.

▸ Ameisensäure-Anwendungsformen

Die Kurzzeit- und Langzeitbehandlun-gen werden mit regional unterschied-lich verbreiteten Anwendungsarten der Ameisensäure durchgeführt. Diese ge-ben die Ameisensäure unterschiedlich schnell ab.

Das Schwammtuch, der FAM-Dis-penser und der Universalverdunster haben den Vorteil, dass sie die maxima-le Säurekonzentration in der Stockluft innerhalb von wenigen Minuten errei-chen. Die Konzentration fällt dann mit der Entleerung der Säure aus dem Trä-germaterial (z.B. Schwammtuch oder Speicherblock) kontinuierlich ab. We-gen dieser Art der Verdunstung spricht hier man auch von einer „Stoßbehand-lung". Bei ungünstig hohen Außen-temperaturen (siehe Beschreibung der einzelnen Verdunster) können bei die-sen Verdunstern stärkere Bienenschä-den auftreten. Die Verbreitung dieser Verdunster ist jedoch ein Beleg dafür, dass mit entsprechendem Fingerspit-zengefühl und einem Blick auf Wetter-karte und Thermometer dieser Nachteil in den Griff zu bekommen ist.

Der Liebig-Dispenser und der Nas-senheider Verdunster erreichen dage-gen erst nach wenigen Stunden ihr Maximum und verdunsten zumindest theoretisch unter optimalen Bedingun-gen gleichmäßig auf gleichem Niveau

die Säure, bis der Säuretank leer ist. Für die Kurzzeitanwendung wird der Säuretank nicht so voll gefüllt wie bei der Langzeitbehandlung – es sei denn, es wird ein Verdunster mit dicht ver-schließbarem Tank verwendet, sodass die Behandlung unterbrochen werden kann.

Bei starken Änderungen der Au-ßentemperatur oder zu geringer Bie-nenaktivität kann es vorkommen, dass – bauartbedingt – bei FAM-Dispenser, Liebig-Dispenser, Nassenheider Ver-dunster und Universalverdunster die Verdunstungsflächen bzw. Dochte angepasst werden müssen. Beim Schwammtuch ist die Säure nach 24 Stunden verdunstet, hier entfällt diese Maßnahme.

VERGLEICH UND BESCHREIBUNG DER AMEISENSÄURE- ANWENDUNGS-FORMEN ▸ Die hier vorgestellten Ver-dunster sind in Deutschland, Öster-reich und der Schweiz verbreitet. Es gibt darüber hinaus noch weitere z.T. ähnliche Verdunstertypen, wie z.B. Burmeisterverdunster, Krämerplatte, Apidea, die hier jedoch keine weitere Erwähnung finden. Die Reihenfolge der Verdunstertypen stellt keine beson-dere Bewertung dar. Letztendlich sollte jeder Imker sich in seiner Region, beim Imkerverein oder dem entsprechenden Bieneninstitut erkundigen und die Ge-brauchsanleitungen kritisch lesen und diskutieren.

(Abkürzung: AS = Ameisensäure, Kurzzeitbehandlung = Kurz., Langzeit-behandlung = Lang.). Hinweis: Die Länge der Notbehandlung ist in jedem Einzelfall zu prüfen bzw. Behandlung und Fütterung werden abwechselnd durchgeführt.

Kriterien	Schwammtuch	FAM Dispenser
Art der Anwendung	**Kurzzeitbehandlung** (Stoßbehandlung): mit einmaliger Anwendung 24 h, **Langzeitbehandlung:** mehrmaliges Anwenden. **Notbehandlung**	**Kurzzeitbehandlung** (Stoßbehandlung): 7 Tage Dauer, **Langzeitbehandlung:** 14 Tage Dauer. **Notbehandlung**
Kurzbeschreibung	Handelsübliches Küchenschwammtuch ca. 20 x 20 x 0,5 cm (möglichst keine dünnen Billigprodukte). Schwammtuch wird nahe an den Bienensitz direkt von oben auf die Waben oder von unten in den Beutenboden geschoben.	Das Schwammtuch ist von einer Hülle umgeben, mit Hilfe des Deckels mit drehbarer Scheibe kann die Verdunstungsfläche verändert werden. Behandlung von oben auf den Waben, nahe Bienensitz.
Temperaturbereich	60%ige AS: 12–25 Grad C 85%ige AS: 10–15 Grad C	15–25 (30) Grad Celsius
Anwendungszeitpunkt	(Spät-)Sommerbehandlung (Wirtschaftsvölker)	(Spät-)Sommerbehandlung (Wirtschaftsvölker)
Anwendungshäufigkeit	Sommerbehandlung 1–2 x vor und 2 x nach der Einfütterung	Sommerbehandlung 1 x kurz vor und 1 x lang nach der Einfütterung
Dosierung	60%ige AS **von oben** 2 ml pro Wabe (NM, Zander), 3 ml (Golz®) **von unten** 3 ml pro Wabe (NM, Zander) 85%ige AS (Temperatur beachten!) von unten: 2 ml pro Waben	130 ml 70%ige AS, bei Kurzzeit- und Langzeitbehandlungen Restmengen AS nach Kurzzeitbehandlung verbleiben im Schwammtuch (lüften).
Befüllen mit Säure	Am Stand mit gekühlter AS *oder* in Folie eingeschweißt und tiefgefroren	Am Stand mit gekühlter AS *oder* in Folie eingeschweißt und tiefgefroren
Leerraum (Leerzarge) für Verdunster	kein Leerraum	kein Leerraum
Zulassung Verdunster und Säure	D nur die 60%ige Säure zugelassen, nicht das Schwammtuch	D Verdunster und 70%ige AS sind nicht zugelassen; CH zugelassen; A (*) unklar
Anmerkungen	Bei der Anwendung von unten kann das Schwammtuch in eine Varroa-Diagnoseschale gelegt werden.	AS in geeigneter Konzentration in D nicht erhältlich, Verdünnung der Säure z.B. durch Apotheke
Bewertung	+ einfache Anwendung + sehr preiswert + Notbehandlung möglich - Überdosierung bei hohen/ schnell steigenden Außentemperaturen: erhöhtes Risiko von Königinverlusten/ Bienenschäden	+ einfache Anwendung + Notbehandlung möglich - Überdosierung bei hohen/schnell steigenden Außentemperaturen: erhöhtes Risiko von Königinverlusten/ Bienenschäden (*) Die gesetzlichen Bestimmungen haben sich geändert

Arbeitsschritte

– Gitterboden schließen –
Anwendung von oben
1. gekühlte Ameisensäure auf das Schwamm-tuch möglichst kleinflächig mit Spritze (mit Gummischlauch) auftragen (oder tiefgefrore-nes, AS-getränktes Schwammtuch aus der Folie nehmen) A1
2. Volk öffnen, Wachsstege und -überbau entfernen.
3. Rauchstoß mittig auf den Waben geben, das Schwammtuch mittig auf die Waben legen. Volk wieder verschließen. A2, A3
4. Nach 24 Stunden das Schwammtuch aus dem Volk nehmen, lüften und trocknen lassen, dann Wiederverwendung möglich. Verbleibt das Schwammtuch länger im Volk, besteht die Gefahr der Verkittung bzw. des Zernagens durch die Bienen.
Anwendung von unten (ohne Abb.)
Hilfreich ist die Verwendung einer Kunststoff-Diagnosewindel.
1. Schwammtuch in die Diagnoseschale legen.
2. Ameisensäure auf das Schwammtuch auftra-gen.
3. Gitter auflegen.
Schwammtuch samt Diagnosewindel in den Beutenboden z.B. durch das Flugloch schie-ben.
4. Nach 24–48 Stunden Diagnoseschale aus dem Volk nehmen, trocknen lassen.

– Gitterboden schließen –
1. FAM Dispenser am Stand mit AS befüllen (Spritze mit Gummischlauch) oder tiefgefrore-nen, bereits AS-getränkten Dispenser aus der Folie nehmen. B1
2.Volk öffnen, Wachsstege entfernen. Zwei 1 cm hohe Leisten auf die Rähmchen legen, dann die Verdunsterfläche mittels Drehscheibe an Gege-benheiten anpassen (B2 – Details siehe Ge-brauchsanleitung). Den Verdunster mit Öff-nungen nach unten auf die Leisten setzen. B3
3. Beute verschließen (falls Leerzarge verwen-det wird, den Dispenser mit einer Folie abde-cken, um Leerraum zu verkleinern).
4. Dispenser nach 7 Tagen bei Kurzzeitbehand-lung und 14 Tagen bei Langzeitbehandlung aus dem Volk nehmen. Dispenser lüften, Schwammtuch trocknen lassen.

Herstellerinfo http://www.biovet.ch/

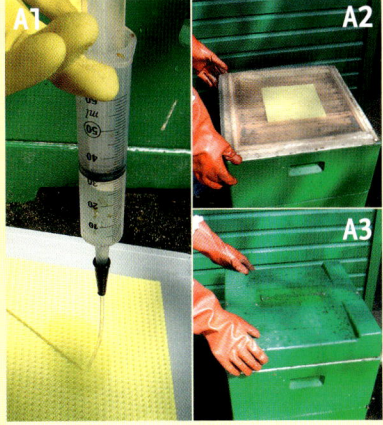

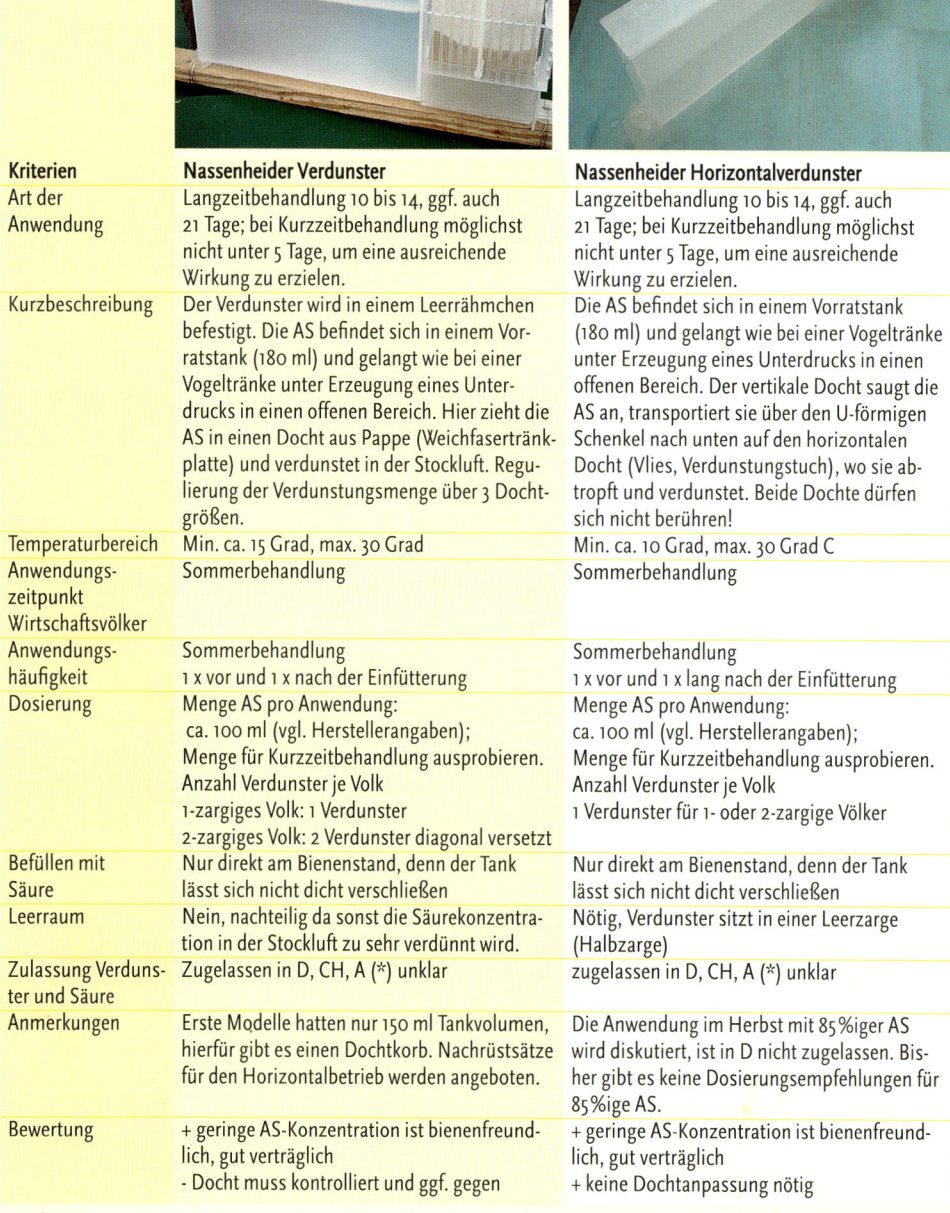

Kriterien	Nassenheider Verdunster	Nassenheider Horizontalverdunster
Art der Anwendung	Langzeitbehandlung 10 bis 14, ggf. auch 21 Tage; bei Kurzzeitbehandlung möglichst nicht unter 5 Tage, um eine ausreichende Wirkung zu erzielen.	Langzeitbehandlung 10 bis 14, ggf. auch 21 Tage; bei Kurzzeitbehandlung möglichst nicht unter 5 Tage, um eine ausreichende Wirkung zu erzielen.
Kurzbeschreibung	Der Verdunster wird in einem Leerrähmchen befestigt. Die AS befindet sich in einem Vorratstank (180 ml) und gelangt wie bei einer Vogeltränke unter Erzeugung eines Unterdrucks in einen offenen Bereich. Hier zieht die AS in einen Docht aus Pappe (Weichfasertränkplatte) und verdunstet in der Stockluft. Regulierung der Verdunstungsmenge über 3 Dochtgrößen.	Die AS befindet sich in einem Vorratstank (180 ml) und gelangt wie bei einer Vogeltränke unter Erzeugung eines Unterdrucks in einen offenen Bereich. Der vertikale Docht saugt die AS an, transportiert sie über den U-förmigen Schenkel nach unten auf den horizontalen Docht (Vlies, Verdunstungstuch), wo sie abtropft und verdunstet. Beide Dochte dürfen sich nicht berühren!
Temperaturbereich	Min. ca. 15 Grad, max. 30 Grad	Min. ca. 10 Grad, max. 30 Grad C
Anwendungszeitpunkt Wirtschaftsvölker	Sommerbehandlung	Sommerbehandlung
Anwendungshäufigkeit	Sommerbehandlung 1 x vor und 1 x nach der Einfütterung	Sommerbehandlung 1 x vor und 1 x lang nach der Einfütterung
Dosierung	Menge AS pro Anwendung: ca. 100 ml (vgl. Herstellerangaben); Menge für Kurzzeitbehandlung ausprobieren. Anzahl Verdunster je Volk 1-zargiges Volk: 1 Verdunster 2-zargiges Volk: 2 Verdunster diagonal versetzt	Menge AS pro Anwendung: ca. 100 ml (vgl. Herstellerangaben); Menge für Kurzzeitbehandlung ausprobieren. Anzahl Verdunster je Volk 1 Verdunster für 1- oder 2-zargige Völker
Befüllen mit Säure	Nur direkt am Bienenstand, denn der Tank lässt sich nicht dicht verschließen	Nur direkt am Bienenstand, denn der Tank lässt sich nicht dicht verschließen
Leerraum	Nein, nachteilig da sonst die Säurekonzentration in der Stockluft zu sehr verdünnt wird.	Nötig, Verdunster sitzt in einer Leerzarge (Halbzarge)
Zulassung Verdunster und Säure	Zugelassen in D, CH, A (*) unklar	zugelassen in D, CH, A (*) unklar
Anmerkungen	Erste Modelle hatten nur 150 ml Tankvolumen, hierfür gibt es einen Dochtkorb. Nachrüstsätze für den Horizontalbetrieb werden angeboten.	Die Anwendung im Herbst mit 85%iger AS wird diskutiert, ist in D nicht zugelassen. Bisher gibt es keine Dosierungsempfehlungen für 85%ige AS.
Bewertung	+ geringe AS-Konzentration ist bienenfreundlich, gut verträglich - Docht muss kontrolliert und ggf. gegen	+ geringe AS-Konzentration ist bienenfreundlich, gut verträglich + keine Dochtanpassung nötig

(*) Die gesetzlichen Bestimmungen haben sich geändert

größeren (zu wenig verdunstet) oder kleineren (zu viel verdunstet) ausgetauscht werden. Abhängig von Außentemperatur und Bienenaktivität.
- bei geringer Bienenaktivität und niedrigen Außentemperaturen ist AS Konzentration fast wirkungslos/zu gering, deshalb Kontrolle erforderlich
- für jeden Verdunster muss jeweils 1 Wabe entnommen werden
- Bei Unterbrechung der Behandlung lässt sich der Verdunster nicht dicht verschließen, der Rest AS muss in einen Behälter umgefüllt werden. (Anwendersicherheit)

+ hoher Wirkungsgrad auch bei niedrigen Außentemperaturen, wenn das Bienenvolk groß ist
- Bei Unterbrechung der Behandlung lässt sich der Verdunster nicht dicht verschließen, der Rest AS muss in einen Behälter umgefüllt werden. (Anwendersicherheit)

Arbeitsschritte	*– Gitterboden schließen –* 1. Der Verdunster wird im Leerrähmchen befestigt und am Bienenstand befüllt. A1 Je Zarge muss eine Wabe entnommen werden. 2. In den Leerraum wird das Rähmchen mit dem AS-befüllten Verdunster an die auf das Brutnest folgende Deckwabe gestellt. In 2-zargigen Völker werden 2 Verdunster diagonal versetzt gestellt. A2 3. Die Beute wird verschlossen. 4. Nach wenigen Tagen oder bei starkem Temperaturwechsel wird die Verdunstungsmenge kontrolliert (Skala) und ggf. der Docht gegen einen kleineren oder größeren ausgetauscht. A3 5. Nach Abschluss der Behandlung wird der Verdunster aus dem Volk genommen.	*– Gitterboden schließen –* 1. Der Verdunster wird am Bienenstand befüllt. 2. Nach Entfernen des Wabenüberbaus legt man das Vlies auf die Rähmchenoberträger. 3. Der Verdunster mit dem U-förmigen Pappdocht wird – ohne direkten Kontakt des Dochtes – auf das Vlies gesetzt. 4. Aufsetzen einer Leerzarge und Deckel. 5. Nach wenigen Tagen oder bei starkem Temperaturwechsel wird die Verdunstungsmenge kontrolliert (Skala) um die Wirksamkeit zu überprüfen. 6. Nach Abschluss der Behandlung wird der Verdunster aus dem Volk genommen.
Herstellerinfo	www.nassenheider.com	www.nassenheider.com

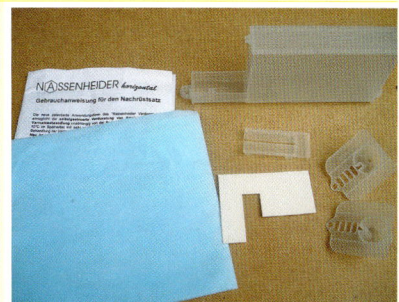

Nachrüstsatz für den Einsatz als Horizontalverdunster.

Kriterien	Liebig Dispenser	Universalverdunster
Art der Anwendung	Kurz- und Langzeitbehandlung, Notbehandlung	Kurz- und Langzeitbehandlung, Notbehandlung
Kurzbeschreibung	Aus einer auf dem Kopf stehenden Kunststoff-flasche (250 ml) mit Tropfeinsatz, aus der 85 %ige AS auf ein Dochtpapier gelangt. Sobald das Dochtpapier vollgesogen ist, bleibt die AS-Konzentration in der Beute konstant. Das perforierte Dochtpapier kann leicht den Umgebungsbedingungen angepasst werden.	Ein AS Speicherblock ist in einer Kunststoff-dose mit 2 drehbaren Lochscheiben verpackt. Je nachdem, wie man die Lochscheiben dreht, stehen unterschiedlich große Abdampfflächen zur Verfügung.
Temperaturbereich	12 bis 30 Grad	ca. 15 bis ca. 25 Grad
Anwendungs-zeitpunkt Wirtschaftsvölker	Sommerbehandlung: Kurzzeitbehandlung 3–4 Tage und Langzeitbehandlung 1–2 Wochen, Notbehandlung	Sommerbehandlung: Kurz. 5–6 Tage, Langzeitbehandlung 10–15 Tage, Notbehandlung
Dosierung	85 %ige AS Einzargige Völker: 50 ml Kurz., 100 ml Lang. Zweizargige Völker 70 ml Kurz., 200 ml Lang. Dadant: 100 ml Kurz., 200 ml Lang.	**Behandlung von oben** 85 %ige AS (60 %ige auch möglich) Einzargige Völker: 50 ml Kurz., 100 ml Lang. Zweizargige Völker: 70 ml Kurz., 200 ml Lang **Behandlung von unten** Dosierung siehe Herstellerangaben, u.a. von Bodenhöhe abhängig.
Befüllen mit Säure	Zu Hause oder am Stand möglich. Der Verdunster lässt sich dicht verschließen.	Zu Hause oder am Stand möglich. Der Verdunster lässt sich dicht verschließen.
Leerraum	Wird für die Anwendung benötigt – Verdunster steht in Leerzarge.	*Anwendung von oben:* Je nach Bau des Deckels nötig, überschüssigen Raum bei der Anwendung von 60 %iger AS ggf. mit Folie abdecken. *Anwendung von unten:* im hohen Boden möglich.
Zulassung Verdunster und Säure	85 %ige AS und Verdunster sind in D nicht zugelassen; zugelassen in CH, A (*) unklar	85 %ige AS und Verdunster sind in D nicht zugelassen; zugelassen in CH, A (*) unklar
Anmerkungen	Ähnliche Bautypen sind die Medizinflaschen, von Liebig entwickelt. Der Liebig-Dispenser ist zuverlässiger, u.a. kann er nicht so leicht auslaufen/leertropfen	Erste Modelle waren mit einem Granulat gefüllt. Der Speicherblock kann nachgerüstet werden.
Bewertung	+ einfaches Prinzip + Behandlung kann unterbrochen, der Verdunster dicht verschlossen werden	+ Anpassung der Verdunsterfläche leicht möglich

(*) Die gesetzlichen Bestimmungen haben sich geändert

+ Anwendung kann jederzeit unterbrochen, der Verdunster dicht verschlossen werden
+ Anwendung mit unterschiedlichen AS-Konzentrationen möglich.
- Einstellung der Verdunstungsfläche bedarf der Erfahrung

Arbeitsschritte	*– Gitterboden schließen –* 1. Flasche mit AS füllen, Tropfeinsatz dafür (evtl. mit Flachzange) entfernen. 2. Leerzarge aufsetzen. 3. Dochtpapier in der Größe der Außentemperatur (Wetterprognose) anpassen und auf der Grundplatte über die Fixierdorne legen. 4. Grundplatte mit Dochtpapier auf die Rähmchenoberträger, möglichst mittig (über den Bienensitz) stellen. A1 5. Flasche mit Tropfeinsatz kopfüber auf die Fixierdorne der Grundplatte stellen. A2, A3 6. Beutendeckel auflegen. 7. Ggf. Verdunstungsmenge nach Herstellerangaben über Dochtpapier regeln 8. Nach Behandlungsende Dispenser aus dem Volk nehmen.	*– Gitterboden schließen –* **Behandlung von oben:** 1. Der AS-befüllte Verdunster wird (B1) geöffnet (Deckel abheben). 2. Verdampfungsfläche mit den Lochscheiben auf die erforderliche Größe einstellen (B2). Der Verdunster kann sowohl aufrecht als auch „gestürzt" d.h. auf die Wabenoberträger gesetzt werden. Vgl. Herstellerangaben. Wachsüberbau entfernen. 3. Falls erforderlich eine Leerzarge (Halbzarge) aufsetzen (B3), überschüssigen Raum kann man mit einer Folie abtrennen. 4. Nach Behandlungsende den Verdunster entnehmen, Leerzarge entfernen. **Behandlung von unten:** Verdunster mit entsprechender Lochscheibeneinstellung in den hohen Unterboden setzen.
Herstellerinfo	www.biovet.ch	www.apiconcept.com

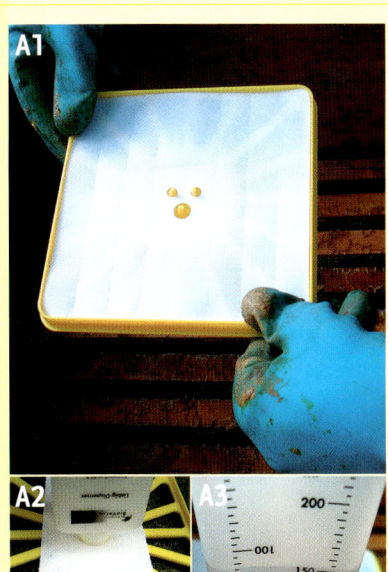

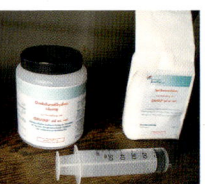

Die Hersteller (hier: Andermatt) liefern die fertige Oxalsäurelösung mit abgewogener Zuckermenge und Dosierspritze.

Schwitzwasser am Flugloch und an der Folienunterseite sind Hinweise auf Brutaktivität

Winterbehandlung mit Oxalsäure.

Oxalsäure

Die Oxalsäure ist – obwohl in Deutschland erst vor kurzer Zeit zugelassen – neben der Ameisensäure die zweitwichtigste organische Säure. Mit ihr können die Varroamilben jedoch nur in brutlosen Völkern bekämpft werden. Während der Bienensaison sind dies brutfreie Ablegervölker, Schwärme und Kunstschwärme Die Hauptanwendung liegt jedoch in der Winterbehandlung aller brutlosen Völker.

Prinzipiell kann die Oxalsäure auf vier Arten in das Volk gebracht werden: geträufelt, gesprüht, verdampft und auf einem Trägerstoff zum Knabbern. Die erste Methode ist für den Anwender die Sicherste und daher in vielen Ländern, so auch in Deutschland, Österreich und der Schweiz zugelassen. Daher wird auf das Träufeln der Hauptaugenmerk gerichtet. Es ist nicht auszuschließen, dass zukünftig die anderen Verfahren ebenfalls an Bedeutung (und Zulassung) gewinnen werden.

BEZUGSQUELLEN ▸ Lieferanschriften zum Zeitpunkt der Drucklegung dieses Buches (2007; apothekenpflichtig, Bestellung auch vielerorts über Amtstierarzt/Veterinäramt möglich):
▸ Produkt „Oxuvar®" (Andermatt Bio Vet GmbH)
▸ Produkt „Oxalsäuredihydrat-Lösung 3,5 % (m/V) ad. Us. Vet.® (Serumwerk Bernburg)
Kann vom Apotheker nach Vorschrift hergestellt werden.

▸ Träufeln von Oxalsäure – Winterbehandlung

Anwendungszeitraum: In der brutlosen Zeit (November/Dezember) – nur

▸ **Winterbehandlung nur brutfrei**

Die Winterbehandlung kann nur effektiv sein, wenn die Völker wirklich brutfei sind. Es gibt „Indizien" für die Brutaktivität der Völker: Schwitzwasser unter der Folie, abgenagte Brutzelldeckel auf der Diagnosewindel. Falls man sich über den Zustand der Völker nicht sicher ist, bleibt nur, die Völker kurz und schnell zu öffnen und eine mittige Wabe der Wintertraube zur Brutkontrolle zu ziehen. Sind die Bienen noch in Brut, sollten Sie die Winterbehandlung unbedingt verschieben und die Völker einmal in der Woche nach Anzeichen für das Brüten untersuchen!

in Ausnahmefällen Anfang Januar, siehe Produktinformationsbeilage. Die Außentemperatur sollte mindestens 3 Grad Celsius betragen.
Anwenderschutz: Tragen Sie die gleiche Schutzkleidung wie bei der Anwendung von Ameisensäure: Gummihandschuhe (Haushaltshandschuhe als Einweghandschuhe), Brille oder Schutzbrille und Imkerschutzkleidung. Die Oxalsäure ist sehr giftig und kann über die Haut oder Atemwege aufgenommen werden – Verschlucken muss ebenfalls vermieden werden, sonst drohen Verätzungen, Lungenödem und Muskelkrämpfe. Während der Anwendung sollten Sie Wasser zum Abwaschen von Säurespritzern, ggf. auch eine Augenwaschflasche bereithalten. Kein Essen, Trinken oder Rauchen während der Anwendung! Nach der Anwendung die Hände und Gerätschaften mit Wasser und Seife waschen.
Lagerung nach Zugabe des Zuckers:

nur wenige Wochen, möglichst kühl (Kühlschrank). Mit zunehmender Lagerzeit und -temperatur steigt der Gehalt an bienengiftigem Hydroxymethylfurfural (HMF), das auch bei Erhitzung und Lagerung von Honig entsteht. **Anwendungshäufigkeit**: Nur einmal als Winterbehandlung träufeln, sonst verstärkte Bienenschäden im Frühjahr (Schrumpfen der Bienenmasse oder gar Absterben des Volkes).

ARBEITSSCHRITTE ▸

1. Die Säure ist als fertige Lösung erhältlich, es muss nur noch der mitgelieferte, abgewogene Zucker zugefügt werden (zu Hause möglich). Hierfür werden der Schraubdeckel und die Versiegelung des Kunststoffgefäßes entfernt und der Zucker hinzugefügt.
2. Nach dem Zuschrauben des Deckels wird der Behälter für einige Minuten geschüttelt. Die Erwärmung im Wasserbad, wie von einigen Herstellern empfohlen, ist bei normalen Raumtemperaturen nicht erforderlich.
3. Das Abmessen der Säuremenge zum Aufträufeln erfolgt am Bienenstand. Hierfür verwendet man eine Kunststoffspritze.
4. Mit der Spritze wird die Oxalsäure direkt auf die Bienen – nicht auf die Waben oder Oberträger – geträufelt. Sitzt die Bienentraube auf zwei Zargen verteilt, sollte die oberste Zarge angekippt werden. Dann können die Bienen „oben" und „unten" beträufelt werden.
5. Eintrag der Behandlung in das Bestandsbuch und in die Stockkarte.
6. Kontrollieren Sie den Milbenfall (Diagnosewindel) – er hält bis zu fünf Wochen an.
Hinweis: Brutfreie Jungvölker, Schwärme und Kunstschwärme können in der

Beträufeln der Bienentraube mit Oxalsäure.

Bienensaison einmalig mit Oxalsäure behandelt werden. Die Dosierung ist der Bienenmenge anzupassen: Jungvölker bekommen einmalig 5–6 ml 3,5 %ige Oxalsäurelösung.

▸ Oxalsäure-Sprühverfahren

Prinzipiell lässt sich die Oxalsäure auch direkt auf die Bienen in Schwärmen, Kunstschwärmen oder brutlosen (Winter-) Völkern sprühen – ähnlich wie die Milchsäure. Das Sprühverfahren ist jedoch wegen der Gefahr des Einatmens sehr gefährlich. Man müsste eine entsprechende Schutzmaske tragen und die Windrichtung beachten. Das Verfahren ist in Deutschland nicht zugelassen (in Österreich unklar, in der Schweiz vom Zentrum für Bienenforschung empfohlen) und bietet wegen des Arbeitsaufwandes keine Vorteile. Erfahrungsgemäß wollen Imker gerade die Winterbienen nicht stark stören – die Träufelbehandlung ist daher dem Sprühverfahren vorzuziehen.

▸ Oxalsäure-Verdampfen

Zulassung: nur in Österreich (Bestimmungen überprüfen!) und in der Schweiz, nicht in Deutschland!

Beim Träufeln von Oxalsäure Gummihandschuhe und Schutzbrille tragen.

Dosierung der Oxalsäure

Volkstärke	Behandlungsmenge Oxalsäure-Lösung inkl. Zucker *
Schwach: Bienensitz weniger als 1 Zarge	30 ml
Mittel: Bienensitz 1 Zarge	40 ml
Stark: Bienensitz auf 2 Zargen verteilt	50 ml

* Entspricht ca. 5 ml pro besetzter Wabengasse

Zubehör für die Oxalsäureverdampfung (in Deutschland z.Zt. nicht zugelassen): Verdampfer, Oxalsäure mit Dosierlöffel, Stoppuhr.

Oxalsäureverdampfung bei verschlossenem Flugloch.

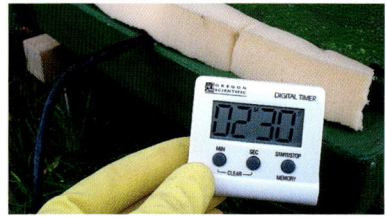

Bei der Oxalsäure-Verdampfung sind Handschuhe und Schutzmaske Pflicht.

Die Oxalsäure wird in Pulverform oder als Tablette in einen offenen „Heizlöffel" gegeben. Dieser wird durch das Flugloch in den (verschlossenen) Beutenboden direkt unter die Bienentraube geschoben. Der Heizlöffel wird über die Autobatterie bzw. über den Zigarettenanzünder erhitzt, sodass die Oxalsäure im Beutenraum verdampft. Während der Anwendung sind das Flugloch und andere Öffnungen der Beute mit feuchten Schaumstoffstreifen zu verschließen. Der Heizlöffel wird eine genau definierte Zeit (siehe Herstellerangaben, z.B. „Varrox ®-Verdampfer 2,5 min") durch Strom erhitzt und verbleibt dann noch z.B. weitere zwei Minuten im Volk. Nach dem Herausziehen wird der Heizlöffel in Wasser abge-

kühlt, während das Volk noch zehn Minuten verschlossen bleibt.

Anwenderschutz: Der Oxalsäuredampf ist für den Anwender hochgiftig, so dass er neben der oben beschriebenen Schutzkleidung eine Gasmaske tragen muss. Dies senkt – neben dem technischen Aufwand – die Akzeptanz in der Imkerschaft (siehe auch Zulassung). Die Beurteilung der Gefahrenkriterien wird teilweise kontrovers diskutiert, die Wirkung ist jedoch unumstritten. Die Herstellerangaben sollten unbedingt beachtet werden.

Temperaturbereich: Nicht unter 4 Grad Celsius

Anwendungsbereich: Nur in brutlosen Völkern, besonders als Winterbehandlung geeignet

Dosierung: Einzargige Völker 1 g Oxalsäure-Dihydrat, zweizargige Völker 2 g Oxalsäure-Dihydrat

Arbeitssicherheit: Schutzmaske (EN149 2001 FFP3), Handschuhe, langarmige Kleidung, Beachtung der Windrichtung bei Freiaufstellung, Behandlung im Bienenhaus nur von außen (Flugloch). Mehr Details siehe Herstellerangaben.

▸ Oxalsäure auf Trägermaterial

In der Entwicklung steckt noch das Verfahren der Oxalsäureanwendung auf Trägermaterial. Knabbern die Bienen an diesem Material, verteilen sie den Wirkstoff. Diese Anwendung könnte, da sie mehrere Wochen dauert, auch in brütenden Völkern eingesetzt werden. Ob sich diese Anwendungsform durchsetzt, ist unklar (vgl. auch in der Literatur Versuche von Dr. Liebig). Zum jetzigen Zeitpunkt kann das bisher auch noch nicht zugelassene Verfahren nicht empfohlen werden (Imkerpresse verfolgen)!

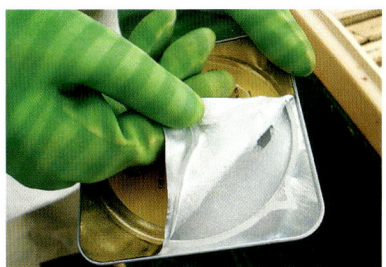

Einsatz von Apiguard®: Abziehen der Verschlussfolie.

Anwendung Apiguard® auf den Rähmchenoberträgern.

Insgesamt sind zwei Anwendungen mit Apiguard® nötig.

Thymol und andere ätherische Öle

Über die Erfahrungen mit dem ätherischen Öl Thymol und anderen ätherischen Ölen als Varroabekämpfungsmittel gibt es Untersuchungen, u.a. vom Schweizerischen Zentrum für Bienenforschung (Liebefeld) und von bundesdeutschen Bieneninstituten.

Unter den ätherischen Ölen zeigt das Thymol eine gute Wirkung gegen die Varroamilbe. Es ist bereits in zugelassenen Präparaten erhältlich und wirkt auf Milben, die auf den Bienen sitzen. Brutmilben werden bei der relativ langen Anwendungszeit von etwa sechs Wochen erst nach dem Schlupf der Brut erreicht. Von einer Dauerbehandlung mit (selbst gefertigten) nicht zugelassenen „Thymolrähmchen" ist auch wegen der Rückstandsgefahr abzuraten.

▸ **Allgemeine Informationen zur Thymolanwendung**
Anwendungszeitpunkt: Nach Abschluss der Honigernte im Spätsommer bis Herbst über sechs bis acht Wochen. Dauerbehandlungen sind wegen der Rückstände in Honig und Wachs nicht empfehlenswert. Das Thymol kann alternativ zur Ameisensäurebehandlung

eingesetzt werden. Das Präparat entfaltet bei warmer, nicht zwingend trockener Witterung, die möglichst über den langen Behandlungszeitraum andauern sollte, einen vergleichbar hohen Wirkungsgrad wie die Ameisensäure. Diese Anwendungsbedingungen sind evtl. eine Erklärung für die stärkere Verbreitung dieser Methode im Süden.
Temperaturbereiche: Mind. 15 Grad, bei niedrigeren Temperaturen ist die Wirkung zu gering. Bei extrem hohen Temperaturen oberhalb von ca. 30 Grad (vgl. Herstellerangaben) kann es zu Störungen im Bienenvolk (Unruhe, Räuberei) kommen.
Behandlung: Das Flugloch bleibt während der Anwendung normal geöffnet. Während der Behandlung sollte der Gazeboden geschlossen bleiben. Empfohlen wird die Behandlung aller Völker des gesamten Standes, damit durch die Geruchsentwicklung Räuberei und Bienenverflug minimiert werden. Zu Beginn der Anwendung kann es im Volk zu einer leichten Unruhe kommen. Kein Auftreten von Königinverlusten durch die Anwendung. Den Behandlungserfolg über die Diagnosewindel kontrollieren!
Fütterung: Die Futterabnahme während der Behandlung ist eher zögerlich,

Bei der Anwendung von Thymol immer Handschuhe tragen.

Einsatz von Thymovar®: Öffnen der Verpackung.

Anwendung auf den Rähmchen-oberträgern.

Die Dosierung erfolgt je nach Volksgröße. Insgesamt sind zwei Anwendungen nötig.

daher sollte vor Behandlungsbeginn ausreichend gefüttert werden.

Ergänzende Behandlung: Die Winterbehandlung mit Oxalsäure ist als weitere Behandlungsstufe im Dezember sinnvoll.

Anwenderschutz: Gummi-/Haushaltshandschuhen sind sinnvoll.

Notbehandlung: Zur Notbehandlung ist Thymol nicht geeignet, da die Wirkung erst nach vielen Wochen erzielt wird – eine Notbehandlung sollte immer innerhalb kürzester Zeit ihre Wirkung entfalten.

Vorschriften: Die Thymol-Pärparate sind apothekenpflichtig, eine Eintragung in das Bestandsbuch notwendig! Die Apothekenpflicht entfällt evtl. 2008 (Imkerpresse verfolgen).

PRÄPARATE FÜR DIE THYMOL-BEHANDLUNG ▸ Die beiden folgenden Präparate enthalten ausschließlich Thymol als Wirkstoff und sind z. Zt. in Deutschland und der Schweiz zugelassen – die Zulassungssituation in Österreich ist wie auch anderenorts vor der Anwendung zu prüfen.

Andere Produkte werden sicherlich folgen, evtl. auch mit anderen Zusammensetzungen, wie z.B. „Apilife Var®": Das Verdampfungsplättchen enthält eine Mischung aus ätherischen Ölen mit Hauptwirkstoff Thymol, aber auch Eucalyptol, Kampher und Menthol.

In **Apiguard**® ist das Thymol in einem langsam verdunstendem Gel eingelagert (je Schale 12,5 g Thymol). Das Präparat ist in einer Schale, die auf die Oberträger der Waben gestellt wird. Nach zwei Wochen wird eine weitere Schale aufgestellt. Die Anwendung dauert an, bis die beiden Schalen leer sind, insgesamt etwa vier bis sechs Wo-

chen. Zwischen der Schale und dem Beutendeckel sollen mindestens 0,5 cm Platz sein – daher wird die Verwendung einer Futterzarge oder eines Zwischenrahmens mit 5 cm Höhe empfohlen. Die Anwendung ist auch von unten, im Beutenboden möglich. Produktinformationen: www.submedvet.de, www.vita-europe.com

In **Thymovar** ® ad us. vet. ist das Thymol in einem Schwammtuchplättchen eingearbeitet (je Tuch 15 g Thymol). Das Schwammtuchplättchen wird auf die Rähmchenoberträger gelegt. Nach drei bis vier Wochen wird es durch ein zweites Plättchen für die gleiche Dauer ersetzt. Nach Behandlungsschluss werden die beiden Plättchen aus dem Volk entnommen. Dosierung (die Plättchen können mit einer Schere zerteilt werden): Ableger 2-mal $1/2$ Plättchen, einzargige Völker 2-mal 1 Plättchen, zweizwargige Völker 2-mal 2 Plättchen, Dadant: 2-mal 1 $1/2$ Plättchen. Produktinformationen: www.biovet.ch

Milchsäure – eine „Reserve" für die Zukunft

Die Milchsäure wird zur Zeit noch recht wenig in der Imkerpraxis angewendet, weil die Alternativen im Sommer (Ameisensäure) und Winter (Oxalsäure) einfacher einzusetzen sind. Dies ist nicht unbedingt von Nachteil, denn so bleibt ein Behandlungsmittel für die Zukunft erhalten. Die Milchsäure wird prinzipiell auf die Bienen gesprüht und muss die Bienen stark benetzen, um die auf den Bienen sitzenden Milben zu treffen. Die Säure wirkt nicht in der verdeckelten Brut. Zur Anwendung kommt die 15%ige L(+)Milchsäure.

Milchsäureflasche mit Sprühaufsatz.

Bienen eines Ablegervolkes werden mit Milchsäure besprüht.

(Die Milchsäure ist in Deutschland 2007 nur als Milchsäure ad us. vet.® vom Serum-Werk Bemburg AG erhältlich.) Als Anwenderschutz wird neben den (Haushalts-)Gummihandschuhen, Schutzbrille und Arbeitskleidung auch eine Maske zum Schutz vor dem Einatmen von Sprühtröpfchen (Staubmaske) empfohlen.

▶ **Anwendungsbereiche**
Die Milchsäure kann für folgende Bereiche angewendet werden:
In Kunstschwärmen ist die Anwendung erst dann sinnvoll, wenn die Waben ausgebaut wurden und die Bienen sich dort verteilen.
In Ablegern: Ein mehrfaches Besprühen, z.B. bei jeder Volkskontrolle, reduziert die Milbenpopulation. In Brutablegern bzw. Sammelablegern schlüpfen neben vielen Bienen auch eine sehr große Anzahl Milben, die behandelt werden können.
In Wirtschaftsvölkern: Ausschließlich die Winterbehandlung in brutlosen Völkern. Jedoch müssen hierfür alle Waben

mit aufsitzenden Bienen gezogen und beidseitig besprüht werden (maximal 8 ml je Wabenseite). Die arbeitsaufwändige Behandlung muss zweimal im Abstand von einigen Tagen bei Temperaturen oberhalb von null Grad durchgeführt werden – dies findet kaum Akzeptanz bei Imkern. Die Oxalsäureanwendung zur gleichen Jahreszeit bedeutet erheblich weniger Störungen für die Bienen und ist viel einfacher und schneller durchzuführen.

Zulassung von Varroa-Medikamenten

In der Imkerei sollen nur wirksame und für die Anwender und Verbraucher – also Honigkonsumenten – möglichst ungefährliche Medikamente angewendet werden. In der Anfangszeit benutzten Imker die Wirkstoffe ohne Genehmigung, während die „harte Chemie" trotz ihrer Nachteile offiziell zugelassen war.
   In Deutschland hat federführend Frau Dr. Rademacher (Berlin) die Stan-

Beim Einsatz von Milchsäure Gummihandschuhe, Schutzbrille und Staubmaske tragen.

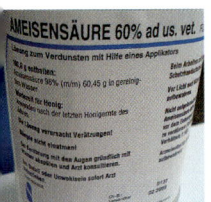

Etikett mit Sicherheits- und Anwendungshinweisen des Herstellers.

dardzulassung für die organischen Säuren vorangetrieben. U.a. waren Wirksamkeits- und Verträglichkeitsprüfungen wissenschaftlich zu belegen. Die genauen Wirkmechanismen sind bei diesen Wirkstoffen bisher unbekannt – dies war jedoch für die Zulassung kein Hinderungsgrund und mindert nicht die Wichtigkeit und Wirksamkeit dieser Präparate. Mit der Veröffentlichung der Rechtsverordnungen im Bundesgesetzblatt endete für die Imker in Deutschland eine zum Teil unübersichtliche Situation von Tolerierung oder fehlender Erlaubnis zur Benutzung dieser Medikamente. Zugelassen sind seit
2000: Ameisensäure (60%ig)
2003: Milchsäure 15%
2006: Oxalsäure: Oxalsäuredihydrat-Lösung 3,5%

Diese Medikamente können bei Apotheke, Tierarzt oder Veterinäramt bestellt oder auch von Apotheken nach Vorschrift hergestellt werden. Über Sammelbestellungen durch die Hausapotheken von Veterinärämtern können geringere Abgabepreise erzielt werden. Möglicherweise wird 2008 die Apothekenpflicht für Thymol-Präparate aufgehoben – die gesetzlichen Bestimmungen sind in Bewegung.

Reistenzbildung gegen Varroamedikamente (Varroazide)

Bei der chemischen Varroabekämpfung besteht immer die Gefahr der Resistenzbildung: Ist der Wirkstoff so niedrig dosiert, dass Milben nicht absterben, können sie sich an diesen gewöhnen. Die ersten Resistenzen traten beim Wirkstoff im Apistan®-Streifen auf. Imker hatten den Streifen über viele Monate in den Völkern belassen. Mit abnehmender Wirkstoffmenge konnten immer mehr Milben überleben und sich an den Wirkstoff anpassen. In diesen Völkern dürften auch die geringen, aber fast überall auftretenden Wirkstoffmengen auf den Waben und in der Beute die Resistenzbildung gefördert haben. Der Wirkstoff ist in seiner Form für die zukünftige Varroabekämpfung

▸ Sackgasse „harte Chemie"

Alle chemischen Präparate (z.B. Perizin, Bayvarol, Apistan, Apitol), die nicht zu den organischen Säuren oder ätherischen Ölen gehören, werden zur „harten Chemie" gezählt und sind wegen der Rückstandsbildung in den Bienenprodukten (siehe Seite 66 ff.) und der Resistenzgefahr der falsche Weg. Neben den Wirkstoffen sind auch unzureichende Wabenhygiene, mangelnde Bautätigkeit sowie ein inkonsequenter Wachskreislauf an den Rückständen Schuld. Um diese Sackgasse zu vermeiden, sollten Sie Ihre Bekämpfungsstrategie ändern. Empfohlen wird die Umstellung z.B. Standweise oder für einen Teil der Völker (siehe auch Wallner Seite 68 ff.).
Deshalb ist es nur konsequent, dass Sie an dieser Stelle weder eine nähere Beschreibung oder gar eine Empfehlung für diese Präparate bekommen. Tausenden von Imkern zeigen seit mehreren Jahrzehnten, dass es mit den oben beschriebenen biotechnischen Methoden und Mitteln geht.

verloren, da er nicht mehr wirksam ist. Die Resistenzgefahr besteht dann auch für ähnlich gebaute Wirkstoffe wie in Bayvarol®. Auch bei Perizin® wurden bereits Resistenzen beobachtet.

▸ **Was schützt vor oder bremst die Resistenzbildung ab?**
Führen Sie die Behandlung in den vorgeschriebenen Konzentrationen durch und übertreiben Sie nicht durch extreme Langzeitanwendungen. Der Wechsel von Behandlungsmitteln wie im Behandlungskonzept bietet eine Chance auf geringere Resistenzgefahr. Die „harte Chemie" führt über kurz oder lang immer zu Resistenzbildungen. Die großflächige Ausbreitung der resistenten Milben z.B. durch Wanderung mit Bienen ist dann nur noch eine Frage der Zeit und geschieht meist schneller als von der Imkerschaft erwartet wird.

Zukunftsaussichten zur Varroabekämpfung

Es gibt und gab unterschiedlichste Ansätze, die Milben in den Bienenvölkern zu bekämpfen bzw. die Bienen so zu verändern, dass sich die Milben schlecht oder gar nicht in der Bienenbrut vermehren können. In den Bienenzeitungen und in den Jahresberichten der Bieneninstitute, die ebenfalls derartige Ansätze auf ihre Tauglichkeit überprüfen, finden Sie Informationen über die Bewertung dieser Methoden. Teilweise sind sie allerdings wirkungslos oder nicht praxistauglich:

Alternative Methoden und ihre Wirksamkeit

Methode	Kurzbeschreibung
Verkürzung der Zellverdecklungsdauer (Zeit der Verdeckung der Brut)	Die Gesamtentwicklungszeit der Bienen sollte verkürzt werden, damit sich die Milben nicht fertig entwickeln können. Darunter leidet die Vitalität der Bienen.
Wärmebehandlung der Bienenbrut	Brutwaben werden von Bienen befreit und in einem Wärmeschrank für eine bestimmte Zeit so erhitzt, dass nur Milben, jedoch keine Bienenbrut stirbt. Für wissenschaftliche Versuche geeignet, da die Tempurspielräume sehr klein sind. Die Folgen für die Bienen sind bisher unerforscht.
Uruguay Bienen, Primorski Bienen usw.	Bienen zeigen unter bestimmten Bedingungen in ihrem Herkunftsgebiet eine Varroatoleranz, die sich aber anderenorts nur kaum oder gar nicht hält.
Drehbeuten: Rotation von Waben	Angeblich pflanzt sich die Milbe schlechter in Waben fort, die regelmäßig gedreht werden. Dieser Effekt wurde bisher nicht bzw. kaum bestätigt.
Duftfallen: Varroafallen wie Borkenkäferfallen	Im Labor lassen sich die Milben von bestimmten Duftstoffen anlocken. Im Bienenvolk geht dieser Effekt vermutlich durch das Vorhandensein vieler anderer Duftstoffe bisher verloren.
Feinde der Varroamilbe	Bisher gibt es keine erfolgreichen, praxistauglichen Ansätze, natürliche Feinde wie Bakterien, Viren, Pilze oder Fadenwürmer gegen die Milben einzusetzen. Die Suche wird fortgesetzt!

Königinnen sollten nur aus dem besten Material gezogen werden.

In der Larve stecken bereits die Gene für die Vitalität der Biene.

Zwei Züchter diskutieren die Stärke eines Volkes.

▸ Zuchtaktivitäten zur Bekämpfung von Varroa

Stellvertretend für unterschiedliche Zuchtaktivitäten in der Welt soll an dieser Stelle auf die Arbeitsgemeinschaft Toleranzzucht hingewiesen werden: Dieser Zuchtverband hat sich unter dem Dachverband Deutscher Imkerbund e.V. organisiert. Sein langfristiges Ziel ist die Züchtung einer varroatoleranten Biene, die keine oder nur geringe Varroa-Bekämpfungsmaßnahmen des Imkers erfordert. Dazu werden die Bienenvölker nach strengen Zucht- und Prüfrichtlinien geprüft und selektiert.

Die praktische Arbeit der Züchter wird wissenschaftlich durch das Bieneninstitut Kirchhain (Dr. Büchler) betreut und alle Prüfdaten am Länderinstitut für Bienenkunde Hohen Neuendorf e.V. (Prof. Kaspar Bienefeld) zur zentralen Zuchtwertschätzung aufbereitet.

Die Aussagekraft und Selektionsbasis des Projektes steigt mit der Anzahl teilnehmender Züchter/Imker. Geprüft werden folgende Kriterien: Honigleistung, Sanftmut u. Wabensitz, Schwarmneigung und Varroatoleranz.

Gegenwärtig werden zur Feststellung der Varroatoleranz folgende Werte ermittelt:

▸ Einschieben der Unterlagen in den Boden zur Feststellung des natürlichen Milbentotenfalls zur Zeit der Salweidenblüte.

▸ Zweimaliger Nadeltest zur Feststellung der Ausräumrate während der Saison. Verdeckelte Brut wird mit einer Nadel angestochen und die Anzahl der von den Bienen ausgeräumten Brutzellen in definierten Zeitabständen ausgezählt.

▸ Auswaschprobe bei 30 g Bienen in der ersten Juli-Dekade (siehe auch Seite 16).

▸ Es ist nicht voraussehbar, wann und mit welchem Erfolg eine varroatolerante Biene in Europa zur Verfügung steht. Weitere Details: www.toleranzzucht.de

▸ Bienen ohne Varroabehandlung – Crashtest

Ein anderer Ansatz zur Erlangung varroatoleranter Bienen wird auf mehreren Inseln in Europa unter wissenschaftlicher Aufsicht durchgeführt: Bienenvölker werden ohne Varroabehandlung sich selbst überlassen. Nur wenige Völker mit erfolgreichen Milbenabwehrstrategien überleben diesen „Crashtest". Die Resultate sehen bisher bescheiden aus: Die überlebenden Völker liegen bisher in ihrer Volksgröße unter dem der anderorts gehaltenen Völker. Auch die übrigen wie oben beschriebenen Zuchtmerkmale lassen bisher zu wünschen übrig. Selbstversuche sollte man jedoch unterlassen, da alle Imker der Varroabekämpfungspflicht (siehe Seite 74) unterliegen. Eine unkontrollierte Milbenvermehrung gefährdet nicht nur das befallene, sondern auch alle umliegenden Bienenvölker.

Was ist schiefgegangen? – Fehleranalyse

Die hier aufgelisteten Probleme wurden in der Imkerpraxis beobachtet und sollen Anhaltspunkte für die Fehlersuche geben. Es ist wahrscheinlich, dass es noch mehr Auslösefaktoren gibt – sollen Sie diese finden, können Sie durch Erfahrungsaustausch mit Imkerkollegen (z. B. Imkeverein, Imkerzeitungen, Internet) mithelfen, die Varroabehandlungen sicherer zu machen. Aus der Fehleranalyse sollte man nicht voreilig prinzipielle Schlüsse über die Eignung bzw. Nichteignung der jeweiligen Anwendungsformen ziehen: Durch falsche Anwendung kann z. B. die Ameisensäure in jeder Anwendungsform eine nachteilige, mit der richtigen Anwendung aber eine optimale Wirkung erzielen! Bei Problemen sollten Sie den Gesundheitsobmann, Bienenzuchtberater (Bieneninstitute) oder kompetente Imkerkollegen zu Rate ziehen!

Anwendungsfehler mit Ameisensäure

Die Völker sind direkt nach der Behandlung tot

▸ Falsche Säure verwendet: Essigsäure zur Wachsmottenbekämpfung anstelle von Ameisensäure. Die verschiedenen Säuren besser getrennt aufbewahren.

▸ Kunstschwarm behandelt und verbraust

Tolerierbare Verluste

Mehrere 100 tote Bienen oder herausgetragene Larven und mehr sind kein Behandlungsfehler, sondern müssen als Nebenwirkungen der Varroabehandlung akzeptiert werden. Auch deutlich höhere Bienenverluste gleichen die Völker durch entsprechende Brutaktivität aus.

Volk bei der Behandlung ausgezogen

▸ Ameisensäurekonzentration zu hoch
▸ Flugloch meist bei Ablegern zu klein
▸ Volk wurde vor der Behandlung stark gestört/ bearbeitet

Gegenmaßnahmen

▸ Behandlung abbrechen, Verdunster aus dem Volk nehmen. Behandlung erst nach der Volkskontrolle (Weiselrichtigkeit) und Ursachenbehebung einige Tage später fortsetzen.

Normaler und stärkerer Totenfall nach einer Ameisensäureanwendung. Ein gesundes Volk kann derartige Ausfälle problemlos ausgleichen.

Jedes tote Volk gibt Anlass zur Fehlersuche.

Die Ameisensäure hat die Bienen aus dem Ablegerkasten getrieben: Das Flugloch war für die Säuremenge zu klein.

Eingeengte Fluglöcher führen schnell zu einer Ameisensäure-Überdosierung.

▸ Mögliche Ursachen zu hoher Ameisensäurekonzentrationen

Eine zu hohe Ameisensäurekonzentration führt zu erhebliche Brutschäden und Königinverlusten.

▸ Falsche Säurekonzentration verwendet: 85%ige Ameisensäure anstelle von 60%iger Säure. Die 85%ige Säure wirkt bei höheren Temperaturen aggressiv.

▸ Extrem gestiegene Außentemperaturen, besonders in den ersten 24–48 Stunden bei Einsatz von Schwammtuch, FAM-Dispenser, Universalverdunster, aber auch bei allen übrigen Verdunstern möglich.

▸ Verdunster defekt/undicht und ausgelaufen. Kann bei allen Verdunstern mit einem Tank (Nassenheider Verdunster, Universalverdunster, Liebig-Dispenser) auftreten.

▸ Ameisensäure hat keinen Kontakt mit dem Papier/Vlies, die Säure tropft unkontrolliert. (Tritt auf bei Tellerverdunster und Holzklotz.) Beim Nassenheider Horizontalverdunster dürfen sich die beiden Dochte nicht berühren, sonst können Kapillareffekte zu zu hohen Verdunstungsmengen führen.

▸ Falsch eingestellte Verdunstungsfläche bei gleichzeitig hohen Außentemperaturen: zu großer Docht des Nassenheider Verdunsters, zu große Papierfläche beim Liebig-Dispenser, zu großflächig eingestellte Verdunstungsflächen beim FAM-Dispenser und Universalverdunster

▸ Bei hohen Außentemperaturen und direktem Kontakt des Verdunsters zum Brutnest: Kommt bei alle Anwendungsformen mit 60%iger und insbesondere 85%iger Ameisensäure vor. Bei Völkern in Warmbaustellung (Querbau) der Waben können derartige Schäden eher als im Kaltbau (Längsbau) auftreten.

Gegenmaßnahmen

▸ Anwendung unterbrechen und nach Klärung der Situation nach wenigen Tagen vorsichtig und ggf. angepasst fortsetzen.

▸ Mögliche Ursachen zu niedriger Ameisensäurekonzentrationen

Wird die Ameisensäure zu niedrig dosiert, kann dies im Spätsommer/ Herbst zu erheblichen Varroaschäden in den Völkern führen.

▸ Ungeeignete Ameisensäure verwendet. Säurekonzentration durch Verdünnung mit Wasser deutlich niedriger als 60%: z.B. falsche Verdünnungsformel verwendet, Säure lange in nicht verschlossenem Behälter gelagert.

▸ Feuchte Verdunstungsfläche verwendet: Kommt bei Schwammtuch und FAM-Dispenser vor, Effekt tritt evtl. auch beim Speicherblock des Universalverdunsters auf, außerdem bei feuchtem Vlies beim Nassenheider Verdunster (horizontal) und feuchtem Papier beim Liebig-Dispenser.

▸ Verdunster steht in einer Leerzarge: Säurekonzentration in der Stockluft zu starkt verdünnt (bei Schwammtuch, FAM-Dispenser, Nassenheider-Verdunster (jedoch nicht Horizontalverdunster), Universalverdunster mit 60%iger Ameisensäure und gleichzeitig niedrigen Außentemperaturen).

▸ Bei geringen Außentemperaturen unter 12–15 Grad und geringer Bienenaktivität (Bienensitz zu weit entfernt, Volk sehr klein oder nicht mehr brütend): Betroffen sind alle Anwendungsformen mit 60%iger Ameisensäure, insbesondere bei den Verdunstern, deren Verdunstungsfläche den Bedingungen angepasst werden muss (Nassenheider Verdunster, Universalverdunster).

▸ Offener Gitterboden bei Magazinbeuten: Die Säure kann zu schnell entweichen, der Luftaustausch im Kasten ist zu hoch.
▸ In der Golz®-Beute ist der Honigraum nicht vom Brutraum abgetrennt.

Gegenmaßnahmen
▸ Fehler abstellen, Behandlung fortsetzen
▸ Bei niedrigen Außentemperaturen fortsetzen mit einer sicheren, schnell wirkenden Anwendungform (z.B. Schwammtuch, FAM-Dispenser) oder einem Anwendungsverfahren mit 85%iger Ameisensäure (z.B. Schwammtuch von unten oder Liebig-Dispenser).

Ausgefressene Brut, tote Bienen und Milben auf dem Flugloch. Das Volk war stark durch Milben geschädigt, es hat aber dank Behandlung überlebt.

Ameisensäure kann zu einem verstärkten Ventilieren auf dem Flugbrett führen. Solange das Volk nicht auszieht, braucht die Behandlung nicht unterbrochen zu werden.

Anwendungsfehler mit Milchsäure

▸ Anwendung in brütenden Wirtschaftsvölkern ohne große Wirkung: Die Milchsäure erreicht nicht die Brutmilben, die von der Milchsäure unbehelligt bleiben.
▸ Bienen zu stark eingesprüht (durchnässt), Bienen verklammen und sterben bei niedrigen Außentemperaturen.
▸ Einmalige Anwendung hat nur einen geringen Wirkungsgrad.
▸ Gegenmaßnahmen: siehe Anwendungsbeschreibung.

Anwendungsfehler mit Oxalsäure geträufelt

▸ Selbst angerührte Säure hat eine zu hohe Konzentration: Bienenschäden möglich.
▸ Anstatt nur einmaliger Anwendung mehrfach angewendet: Bienenschäden spätestens bei der Auswinterung – Abnahme der Bienenmasse.

▸ Anwendung während Brutaktivität: Brutmilben werden nicht erreicht, also nicht behandelt.
▸ Der Oxalsäure wurde kein Zucker zugesetzt: Keine Aufnahme durch die Bienen, keine Verteilung der Säure im Volk: geringe Wirkung auf Milben, evtl. erhöhter Bienentotenfall.

Wechselwirkung von „weicher Chemie" mit anderen Wirkstoffen

Das integrierte Bekämpfungskonzept sieht vor, dass Winterbienen unterschiedliche Medikamente (Ameisen- und Oxalsäure) nur in großem zeitlichen Abstand erhalten. Wird dieser Abstand deutlich verkürzt, muss mit verstärkten Bienenschäden durch Wechselwirkungen bzw. Überlastung des Bienenorganismus gerechnet werden. Auch der Kontakt mit Pflanzenschutzmitteln oder „harter Chemie" kann zu weiteren Wechselwirkungen und Belastungen führen. Falsch ist: „Viel hilft viel" und noch schlimmer ist „Viele Mittel erreichen viele Milben"!

Betriebsweisen auf dem Varroa-Prüfstand

Jeder Imker praktiziert – bewusst oder unbewusst – eine Betriebsweise, in der meist Ablegerbildung, Königinerneuerung und Trachtnutzung mit möglichst wenigen Arbeitsschritten miteinander kombiniert werden. Die Bauerneuerung zur „Verdünnung von Erregern oder Rückständen" und die Varroabekämpfung zur Reduzierung der Milbenbelastung über das Bienenjahr verteilt, sollten ebenfalls fester Bestandteil der Betriebsweise zur Verbesserung der Bienengesundheit sein. Die Vor- und Nachteile praktizierter Betriebs- bzw. Arbeitsweisen werden im Folgenden erläutert:

Fünf-Waben-Brutableger

Sammelbrutableger werden schnell sehr groß, da gleichzeitig viel Brut schlüpft. Achtung: Schwarmgefahr!

Brutableger bilden

Im Frühjahr – Mai bis Juni – werden etwa vier Brutwaben mit aufsitzenden Bienen sowie zusätzlichen Bienen entnommen und mit Futterwabe in einen Ablegerkasten gesetzt. Der Ableger zieht sich aus vorhandener oder zugesetzter offener Brut eine Königin nach – oder es wird eine Weiselzelle zugesetzt. Die medikamentöse Milbenbekämpfung (siehe Seite 32) darf keinesfalls unterbleiben, denn in der Brut waren viele Milben, die sich weiter vermehren. Der Ableger kann im nächsten Jahr mit schwächeren Völkern vereinigt, zur Erweiterung der Imkerei oder zum Verkauf genutzt werden.

▶ Vorteile
▶ Dem Wirtschaftsvolk werden Milben im Frühjahr entnommen – kombiniert mit Drohnenbrutausschneiden wird bis zur Sommerbehandlung normalerweise keine kritische Milbenpopulation erreicht.

▶ Bei gutem „Timing" wird die entnommene Menge Bienen bzw. Brut bis zur nächsten Tracht ausgeglichen sein. Der Schwarmtrieb wird jedoch durch diese Schröpfung reduziert.

▶ Wabenerneuerung im Wirtschaftsvolk: Die entnommen Waben sollten möglichst durch Mittelwände ersetzt werden.

- Reservevölker können Völkerverluste ausgleichen.
- Neue Königin im Ableger.

Nachteile
- Bei starker Brutentnahme nimmt etwa drei Wochen nach der Bildung der Brutableger die Sammelleistung ab, da die entnommenen Bienen als Sammlerinnen fehlen. Bei guter Terminierung fällt diese Zeit jedoch in eine Trachtlücke.
- Ohne Wiedervereinigung oder Völkerverkauf wächst die Völkerzahl ständig an.
- Im Ableger sind dunkle Brutwaben. Ein konsequenter Wabenumtrieb durch Erweiterung ausschließlich mit Mittelwänden ist nötig!
- In stärkeren Brutablegern besteht die Gefahr des Schwärmens, daher ist das Ausbrechen überzähliger Weiselzellen sinnvoll.

Verbesserungsmöglichkeit
Der Einsatz einer Drohnenbannwabe zum Zeitpunkt der Eiablage der neuen Königin reduziert die Milbenpopulation.

Sammelbrutableger bilden

Im Mai/Juni werden etwa vier bis fünf Brutwaben mit aufsitzenden Bienen jedem starken Wirtschaftsvolk entnommen und in eine Beute zusammengesetzt (maximal zwei Zargen). Die Bienen ziehen sich aus vorhandener oder zugesetzter offner Brut eine Königin nach. Ein Ausbrechen von überzähligen Weiselzellen ist dabei nötig, da Schwarmgefahr besteht. Bis die neue Königin in Eiablage geht, ist die Brut vollständig geschlüpft. Nach einer Varroabekämpfung (s. Seite 32) kann die große Bienenmasse zum Aufbau von

Begattungsvölkern oder Ablegern (Kunstschwarm) genutzt werden.

Vorteile
- Siehe Brutableger.
- Große Bienenmasse für Königinvermehrer/Züchter bzw. zur Ablegerbildung.

Nachteile
- Der Sammelbrutableger sollte möglichst auf einem separaten Stand aufgestellt werden, um Räuberei zu vermeiden.
- Eine zusätzliche Schwarmkontrolle ist erforderlich.

Verbesserungsmöglichkeit
Durch Einhängen von offener Drohnenbrut können zusätzlich Milben abgefangen werden.

Kunstschwarm bilden

Im Frühjahr (z.B. im ersten Drittel Raps oder zur Rapshonigernte) werden

Der Kunstschwarm wird aus dem Kunstschwarmkasten vor die Beute geschlagen und läuft ein.

Abfegen der Bienen für den Kunstschwarm – die Schütte verhindert das Zurückfliegen der Bienen.

formationen zu diesem Verfahren sind im Celler Bieneninstitut erhältlich, Adresse siehe S. 78) mit dem Wirtschaftsvolk, das nach der Spättracht selber zum Kunstschwarm „verwandelt" wird, wieder vereinigt.

Alternativ kann man im Herbst nach der Spättrachtschleuderung (z.B. Heide) die Völker als Kunstschwarm auf ausgebaute (ausgeschleuderte) Waben schlagen, einfüttern und möglichst schnell eine Ameisensäurebehandlung und im Winter eine Oxalsäurebehandlung duchführen. Die wenige Brut wird entweder in einen Sammelbrutableger (Milbenbehandlung) gegeben oder abgetötet.

▸ **Vorteile**

▸ Aufbau eines milbenarmen Ablegers, wenn das Ursprungsvolk eine „normale" Varroapopulation hatte, daher ist keine Varroabehandlung bei oder direkt nach der Bildung erforderlich. Aus stark varroabefallenen Völkern gebildete Kunstschwärme sollten unbedingt behandelt werden.

▸ Die Kunstschwarmbildung aus den abgefegten Bienen bei der ersten Honigernte ist sehr arbeitssparend.

▸ Der Ableger wird auf hellem/neuem Wabenmaterial aufgebaut und stellt außerdem eine Reserve dar.

▸ **Nachteile**

▸ Keine Reduzierung der Milbenmenge im Wirtschaftsvolk durch diese Ablegerbildung, es sei denn, das Ausgangsvolk war sehr stark varroabefallen.

▸ Für den Kunstschwarm muss recht früh im Jahr eine Königin zur Verfügung stehen. Das erfordert gute Kenntnisse und hohen Aufwand in der Königinnenzucht.

1,5 kg Bienen in einen Kunstschwarmkasten abgefegt und erhalten eine begattete Königin. Nach ein bis zwei Nächten Kellerhaft (Futterteig und Wasser) werden die Bienen auf Mittelwände und ausgebaute Waben gesetzt und auf einen anderen Stand möglichst in eine Tracht gesetzt.

Bei Trachtlosigkeit ist Fütterung erforderlich. Je nach Entwicklungsgeschwindigkeit kann der Ableger zur Anwanderung einer Spättracht genutzt werden oder wird im selben Jahr (siehe Celler Rotationsverfahren; nähere In-

▶ Der Schwarmtrieb wird evtl. zu spät durch die Maßnahme reduziert, das Wirtschaftsvolk ist in seltenen Fällen bereits in Schwarmstimmung.

Zwischenableger

Dem Wirtschaftsvolk wird bei auftretendem Schwarmtrieb die große Masse an Flugbienen entzogen (Flugling), sodass der Schwarmtrieb abnimmt. Hierfür wird das Volk zur Seite gesetzt und auf den ursprünglichen Boden eine Zarge mit Mittelwänden, eine offene Brutwabe und eine Honigwabe gesetzt. Der abschließende Deckel ist gleichzeitig der neue Boden für das Altvolk, das über den Flugling gestellt wird. Die Flugbienen werden nach dem Sammelflug in der unteren Zarge landen und dort den Honig in die ausgebauten Waben einlagern. An der offenen Brut ziehen die Bienen Weiselzellen. Diese Wabe wird nach neun Tagen durch eine neue Brutwabe ersetzt. (Nur im Fall der Königinerneuerung würde man eine Zelle belassen.) Nach weiteren neun Tagen werden das Altvolk und der Flugling wieder vereinigt.

Zwischenableger mit „Altvolk" stehen übereinander.

▶ **Vorteile**
▶ Der Schwarmtrieb ist schnell verschwunden.
▶ Der Flugling erlaubt schnellen Wabenneubau.
▶ Die Königinnennachzucht lässt sich in das Verfahren integrieren.
▶ Das Verfahren erlaubt in Tracht eine gute Ausbeute.

▶ **Nachteile**
▶ Die Milben können sich im Altvolk ungebremst vermehren, denn dort legt die alte Königin ungehindert weiter.

▶ Im Brutraum des Altvolkes erfolgt keine Wabenerneuerung.
▶ Sofern das Verfahren wie beschrieben durchgeführt wird, ist die Völkerdurchsicht durch die Magazinturmhöhe erschwert. Alternative: Flugling wird als separater Ableger an einem anderen Stand bearbeitet.

▶ **Verbesserungsmöglichkeit**
▶ In das Altvolk werden Drohnenfangwaben eingehängt. Ist der Flugling ebenfalls stark varroabefallen, wird dies auch hier durchgeführt.

Die neue Königin soll von guter Herkunft sein.
Die Weiselzellen werden bei der 2-mal-9-Tage-Methode im festgelegten Rhythmus gebrochen.

auch hier durchgeführt.

2-mal-9-Tage-Verfahren (nach Golz)

Im Frühjahr bei einsetzendem stärkeren Schwarmtrieb wird das Volk entweiselt und evtl. ein Königinnenableger gebildet. Nach neun Tagen werden die Nachschaffungszellen entfernt. Das Volk bekommt nun hochwertige Maden als Zuchtstoff für eine neue Königin in Form eines Wabenstücks oder belarvte Weiselnäpfchen angeboten. Nach neun Tagen werden die Weiselzellen entnommen, es verbleibt nur eine Weiselzelle im Volk. Nach dem Schlupf der Königin und ihrem Begattungsflug wird die einsetzende Eiablage als Zeichen für eine geglückte Königinnenerneuerung gewertet. Mittlererweile gibt es auch keinen Überschuss an Futtersaft mehr, da die Jungbienen längst zu Sammlerinnen geworden sind und außerdem Futtersaft zur Aufzucht der neuen Bienengeneration benötigt wird.

▸ **Vorteile**
▸ Königinerneuerung und Schwarmverhinderung werden miteinander kombiniert.
▸ Die Brutpause von über 30 Tagen bremst die Varroaentwicklung für einen langen Zeitraum.

▸ **Nachteile**
▸ Keine Wabenerneuerung in der Betriebsweise integriert
▸ Keine Ablegerbildung, es sei denn Königinablegerbildung
▸ Die Milbenvermehrung beginnt nach der Brutpause. Diese Brut wird stärker parasitiert, da alle Milben auf ihre Chance zur Vermehrung warten.
▸ Bei ungünstiger Terminierung sind die Völker zur Tracht etwas schwächer.

▸ **Verbesserungsmöglichkeit**
▸ Mit Beginn der Eiablage der neuen Königin kann das Drohnenfangwabenverfahren (siehe Seite 36) eingesetzt

werden.

Schwarmimkerei

Die Völker kommen ihren Bedürfnissen nach und schwärmen einmal im Jahr. Der eingefangene Schwarm wird als Ableger aufgezogen. Das Altvolk erhält eine neue Königin.

▸ Vorteile

▸ Die Brutpause im Altvolk bedeutet eine Bremsung der Varroavermehrung, da sich die Milben erst mit der neuen Brutgeneration vermehren können.

▸ Der Ableger baut bei Tracht oder Fütterung eine große Zahl Mittelwände aus. Im Altvolk erfolgt eine Königinerneuerung.

▸ Der Schwarm ist im Normalfall varroaarm, es sei denn, das Altvolk war bereits stark varroabefallen.

▸ Nachteile

▸ Im Altvolk bleiben alte (Brut-)Waben – hier erfolgt keine Wabenerneuerung.

▸ Die neue Brut im Altvolk wird von relativ vielen Milben befallen.

▸ Verbesserungsmöglichkeit

▸ Im Altvolk kann mit einer Drohnen-

Dieser Schwarm wird ein starkes Neuvolk bilden.

fangwabe mit neuem Brutbeginn die Varroapopulation verringert werden. Falls der Schwarm bereits stark varroabefallen war, ist auch hier das Drohnenfangwabenverfahren alternativ zu Me-

Typische Schwarmzellen.

Varroazid-Rückstände in der Imkerei
(Dr. Klaus Wallner)

Wo liegt das Problem fettlöslicher Wirkstoffe?

Fettlösliche Wirkstoffe in der „harten Chemie" landen zwangsläufig im Bienenwachs, selbst wenn Wirkstoffsuspensionen auf Schwärme ohne Wabenbau aufgeträufelt werden. Die so behandelten Bienen bauen später rückstandsbelastete Waben. Prinzipiell gilt: Innerhalb eines wirkstoffbelasteten Bienenkastens kann kein rückstandsfreies Wachs erzeugt werden.

Die Bienen verschleppen mit ihren Beinen die fettlöslichen Wirkstoffe innerhalb des Bienenkastens. Somit gelangen Wirkstoffe von Brutäumen, in denen üblicherweise die Behandlungen durchgeführt werden, auch in die nur saisonal freigegebenen Honigräume.

Wie kommen Varroazid-Rückstände in den Honig?

Die fettlöslichen Rückstände diffundieren (bewegen sich langsam, selbstständig) aus dem Wachs in den Honig und sind dort in geringeren Konzentrationen als im Wachs zu finden. Wachsteilchen sollten deshalb dem Honig unbedingt durch Abschäumen und feine Siebe entzogen werden, um den Verbraucher vor diesen Rückständen zu schützen.

Wie sieht die aktuelle Rückstandssituation aus?

▸ **Rückstandsanalysen an Honig**
Im Jahr 2006 wurden in Hohenheim insgesamt 2.610 Honigproben auf Rückstände analysiert, zusätzlich wur-

Honig muss ein „sauberes" Lebensmittel bleiben!

den 130 Auslandshonige untersucht. Von den zugelassenen synthetischen Bekämpfungsmitteln („harte Chemie") ist hinsichtlich der Rückstände lediglich noch Perizin von Bedeutung, wobei sich die Situation im Vergleich zum Vorjahr deutlich verbessert hat. In 14,6 % der deutschen Honige waren Spuren des Wirkstoffs Coumaphos nachweisbar. Rückstände von Folbex VA Neu wurden nur bei vier Honigen in sehr geringen Mengen nachgewiesen. Der Wirkstoff von Klartan bzw. Apistan war in sieben Proben nachweisbar. Von den ätherischen Ölen wurde Thymol in 14 einheimischen und 25 ausländischen Honigen mit Werten zwischen 50 und 1.000 µg/kg nachgewiesen. Thymol kann natürlicherweise mit Gehalten um 700 µg/kg v. a. in ausländischen Honigen vorkommen und ist ab etwa 1.200 µg/kg sensorisch feststellbar.

▶ **Rückstandsanalysen an Bienenwachsproben**

In 2006 wurden von uns 658 Wachsproben aus dem In- und Ausland analysiert. Knapp 10 % der inländischen Wachsproben enthalten immer noch Rückstände von Folbex VA Neu im Bereich von 0,5 bis 5 mg/kg. Der Wirkstoff kommt über umgearbeitetes Altwachs mit den Mittelwänden in die Imkereien zurück. Perizin-Rückstände waren in 33 % der Proben in Mengen bis 10 mg/kg nachweisbar. Fluvalinat (Klartan/Apistan) wurde in 15 % der einheimischen Proben im Bereich von 0,5 bis 10 mg/kg festgestellt. Im Auslandswachs wurde es häufiger (42 % der Proben) und in höheren Konzentrationen gefunden. Ein Abbauprodukt von Amitraz wurde in einigen Proben aus dem osteuropäischen und asiatischen Raum gefunden.

▶ Das Naturprodukt Honig ...

... sollte nur nach guter fachlicher Praxis und möglichst frei von irgendwelchen Rückständen produziert werden – das betrifft auch die organischen Säuren und ätherischen Öle. Hier zeigt sich, wie wichtig die biotechnischen, rückstandsfreien Bekämpfungsmethoden sind! Lassen sich gar Geschmacksveränderungen im Honig feststellen, hat die Lebensmittelüberwachung schon längst einen Grund für die Beanstandung des Lebensmittels, mit (teuren) Folgen für den Imker. Ein möglicher Imageverlust würde darüber hinaus alle Imker empfindlich treffen. (F. Pohl)

Altwaben enthalten die Medikamente, die der Imker angewendet hat. Organische Säuren bleiben nicht im Wachs.

**Bestückter Sonnen-
wachsschmelzer.**

**Rechts: Dampf-
wachsschmelzer
mit Spindel.**

Wo bleiben die Rückstände der „harten Chemie" im Wachskreislauf?

Ein Imkerbetrieb mit geschlossenem Wachskreislauf und eigener Mittel-wandproduktion konserviert die fettlös-lichen Wirkstoffe in seinem Betrieb: Der Verdünnungseffekt, der durch neu-gebautes Wachs entsteht, wird durch die bei der nächsten Varroabehandlung hinzukommenden Wirkstoffe mehr als wettgemacht. Die Gesamtbelastung steigt allmählich an.

Imkereien, die in der Vergangenheit fettlösliche Wirkstoffe, z.B. Folbex VA Neu oder Perizin, eingesetzt haben, jetzt aber auf organische Säuren oder andere alternative Bekämpfungsmethoden um-gestiegen sind, können nur mit einem langsamen Abklingen der Rückstands-werte im Wachs ihres Betriebes rechnen. Viele Imker überschätzen diesen Ver-

dünnungseffekt: In Wirklichkeit liegt er, je nach Betriebsweise, lediglich bei etwas 10–20 % pro Jahr. Deshalb spielen Fol-bex VA Neu-Rückstände auch heute noch eine Rolle, obwohl das Präparat mittlerweile nicht mehr im Handel ist und schon seit etwa 15 Jahren nicht mehr verwendet wird. Der Verdün-nungseffekt kann durch die Verwen-dung rückstandsfreier Mittelwände deut-lich erhöht werden. Deutlich schneller gelingt die Umstellung der Imkerei über Kunstschwarmbildung in Verbindung mit sauberen Mittelwänden.

Neuaufbau einer rück-standsfreien Imkerei über Kunstschwarmbildung

Der erste Schritt ist die Kontrolle der momentanen Belastungssituation der betreffenden Imkerei über die Labor-analyse einer repräsentativen Wachspro-

Mittelwandguss-form für die Her-stellung eigener Mittelwände.

Links: Wachs für Kerzen oder Mittel-wände?

be. Die Höhe der Rückstände in einer repräsentativen Wachsprobe bestimmt letztendlich die Vorgehensweise, um in absehbarere Zeit keine messbaren Rückstände mehr im Betrieb zu haben: Je höher die gemessenen Rückstände im Bienenwachs sind, umso höher ist auch der Sanierungsaufwand. Liegen die Messwerte im Wachs um 10 mg/kg oder höher, kann das gesteckte Ziel, kei-ne messbaren Rückstände, nur mit sehr hohem Aufwand erreicht werden.

Eine „saubere" Mit-telwand aus dem eigenen, sauberen Wachskreislauf.

Eine so hohe Belastung ist Ausgangs-punkt für das folgende Beispiel. In der Regel ist es ratsam, schrittweise mit der Umstellung der Völker zu beginnen. Dies kann folgendermaßen geschehen:

▸ Reinigungsarbeiten

Alle Beuten und Beutenteile sind mit einer feinen Wachsschicht überzogen, die ebenfalls Rückstände speichern. Diese können wieder freigesetzt wer-den. Deshalb müssen alle Beutenteile und Rähmchen in kochender 3- bis 5%iger Ätznatronlauge dekontaminiert werden oder gegen neue ausgetauscht werden. Auch Kunststoffbeuten werden dieser Prozedur unterzogen. Wenig wirkungsvoll ist dagegen das Abflam-men von Holzkästen, da dadurch der Wachsfilm nur kurzzeitig verflüssigt wird und tiefer ins Holz eindringt. Letztendlich werden durch das Abflam-men die Wirkstoffe nicht zerstört, ihr Kontakt zur Oberfläche bleibt erhalten.

Der komplette Stand wurde über Kunstschwärme saniert. Die Bienen laufen in die neuen Beuten mit „sauberen" Rähmchen und Mittelwänden.

▶ Kunstschwarmbildung

Zur Zeit der Ablegerbildung werden Kunstschwärme in neue oder gereinigte Kästen mit neuen oder abgelaugten Rähmchen eingeschlagen. Optimal ist die Verwendung von rückstandsfreien Mittelwänden, da allein aus der Mittelwand zwei Drittel der Wabe entstehen. Zusätzlich können dadurch hohe Verdünnungseffekte für die noch verbleibenden Wirkstoffe genutzt werden.

▶ Getrennte Bienenstände

Diese Ableger werden an einem von den übrigen Völkern getrennten Stand aufgestellt. Es darf kein Wabentausch zwischen den Ständen stattfinden, damit keine rückstandsbelasteten Waben in die sauberen Völker gelangen. (Die Bildung von Brutablegern ist deshalb keine Alternative zu den Kunstschwärmen.) Diese Völker stellen den Grundstock für die künftige Imkerei dar. Sie werden nur mit sauberem Beutenmaterial, Rähmchen und Mittelwänden erweitert und durch eine Massentracht oder Füttern mit niedrigen Zuckerkonzentrationen zum kräftigen Bauen angeregt.

▶ Sauberer Wachskreislauf

Das überschüssige Wachs von den Baurahmen und Entdeckelungswachs aus den Kunstschwärmen kommen in den eigenen, „sauberen" Wachskreislauf und sind das Ausgangsmaterial für die neuen Mittelwände. Im zweiten Jahr können, mit Ausnahme der Altwaben, alle Wachsreste aus den sauberen Völkern für die Herstellung eigener Mittelwände verwendet werden.

▶ „Weiche Chemie" und biotechnische Methoden

Es versteht sich von selbst, dass bei diesen Völkern keine rückstandsbildenden Bekämpfungsmittel („harte Chemie") zur Varroabekämpfung mehr eingesetzt werden.

▶ Fremde Schwärme

Bienen aus belasteten Beuten bringen Rückstände mit, wie die Analysen von Bienenproben zeigen. Schwärme oder Kunstschwärme aus solchen Kästen schwitzen belastetes Wachs bzw. tragen Wirkstoffe an der Körperoberfläche, die später im Bauwachs auftauchen und in Laboranalysen nachweisbar sind. Fremde Schwärme sollten auf unbelastete Mittelwände gesetzt werden.

Zukunft des Wachskreislaufes

Bienenwachs wird bei uns traditionell als wertvoller Rohstoff angesehen und effektiv weiterverwertet. Dies hat auch Nachteile: Die fettlöslichen Varroabekämpfungsmittel werden im Wachs stabilisiert und konserviert. Ein natürlicher Abbau der Rückstände findet nicht statt, und die Industrie hat derzeit keine Möglichkeit, Wirkstoffe effektiv aus dem Wachs zu entfernen. Letztendlich müssen also die Imker den Mittelwandherstellern helfen, wieder einwandfreie Qualität produzieren zu können.

Das kurzfristige Ziel muss sein, eine Wachsqualität zu erreichen, die keine messbare Beeinflussung der übrigen Bienenprodukte hervorruft. Dies ist nach Hohenheimer Untersuchungen ein Wachs-Belastungsgrad von maximal 1 mg Wirkstoff pro kg Wachs. Um dieses Ziel zu erreichen, darf der Wachskreislauf kein geschlossener Kreislauf mehr sein: Die Altwaben mit den Rückständen müssen, z.B. in Kerzenform, die Betriebe für immer verlassen. Sie dürfen nicht wie bisher als Mittelwände wieder zurückkehren. Die Wachsrückgewinnung in den Imkereien sollte sich nicht nach der höchsten Ausbeute richten: Geben Sie sich mit der Leistungsfähigkeit eines Sonnenwachsschmelzers zufrieden und trösten Sie sich, dass mit dem Trester auch Wirkstoffrückstände verloren gehen. Zur Wachsgewinnung für die Mittelwandproduktion sollte generell nur Baurahmen- und Entdeckelungswachs verwendet werden.

Rückstände organischer Säuren („weiche Chemie") in Honig oder Wachs?

Der Vorteil der organischen Säuren und vieler ätherischer Öle ist, dass sie natürlicherweise im Honig und im Falle der ätherischen Öle auch im Wachs vorkommen können. Diese weit in der Natur verbreiteten Substanzen gehören also quasi zur Grundausstattung eines Bienenvolkes. Die analytische Abgrenzung zu den Wirkstoffspuren, die im Anschluss an eine Varroabekämpfung in den Bienenprodukten zu erwarten sind, wird dadurch erschwert oder sogar unmöglich gemacht. Bei einer sachgerechten Anwendung der organischen Säuren stellt das mit Säuren angereicherte Winterfutter die wichtigste Quelle für Rückstände im Honig dar. Je konsequenter das Restfutter bei beginnender Tracht aus den Völkern genommen wird, umso niedriger ist die Gefahr für auffällige Rückstandsgehalte im Honig. Wachs kann nur in sehr begrenztem Umfang organische Säuren speichern. Eine Anreicherung ist praktisch ausgeschlossen. Dementsprechend kann

Reinigung von Rähmchen in kochender Ätznatronlauge.

Sogar Kunststoffzargen können in kochender/heißer Ätznatronlauge gereinigt werden.

Nachreinigung mit Hochdruckreiniger und Wasser.

auch Mittelwandwachs keine Gefahr für die Honigqualität darstellen.

Thymol – ein neues Rückstandsproblem für die Imkerei?

Thymol gehört zu den sehr interessanten Wirkstoffen im Rahmen der Varroakontrolle. Die Wirkung auf die Varroamilben ist weitgehend unbekannt, fest steht aber, dass Milben in den Völkern, die mit Thymol behandelt werden, nicht mehr bleiben wollen: Sie lassen sich allmählich von den Bienen abfallen und versuchen, den Bienenstock zu verlassen. Ätherische Öle sind sehr gut bienenverträglich und anwenderfreundlich.

Ihre falsche Verwendung kann jedoch zu hohen Rückstandswerten in Honig und Wachs führen, da sie sowohl fett- wie auch wasserlöslich sind. Die sachgerechte Anwendung von Thymolpräparaten – im Sommer nach der Honigentnahme – führt zu keinen Problemen für die Honigqualität. Die Wirkstoffwerte liegen im Bereich der natürlichen Gehalte. Wie bei den organischen Säuren wurden auch bei diesen anerkannt harmlosen Wirkstoffen keine Höchstmengenbegrenzungen festgelegt. Selbst wenn Rückstände im Honig nachgewiesen werden, bleibt die Verkehrsfähigkeit voll erhalten.

Bienenwachs nimmt die flüchtigen ätherischen Öle auf, kann sie aber auch wieder abgeben. Während der Anwendung sind die Gehalte im Wachs relativ hoch. In den Monaten zwischen der Anwendung von Thymolpräparaten und der ersten Honigernte mobilisieren die Bienenvölker einen hohen Prozentsatz des oberflächlich anhaftenden Wirkstoffs und ventilieren ihn aus dem Stock. Deshalb kommt es auch über viele Anwendungsjahre hinweg nicht zu einer Anreicherung von Thymol im Wabenwachs. Der Wirkstoff kann hoch empfindlich gemessen werden. Deshalb können auch natürliche Gehalte im Wachs erfasst werden. Sie liegen bei bis zu 0,5 mg/kg. In Imkereien, die Thymol einsetzen, erhöhen sich diese Werte, ohne aber für die Honigqualität gefährlich zu werden.

Kann man „normale" Mittelwände noch mit gutem Gewissen verwenden?

Die „normalen" Mittelwände aus dem Handel stammen in der Regel aus angeliefertem Altwabenwachs. In der Natur ist die Wiederverwendung von Altwachs eigentlich nicht vorgesehen, sondern vielmehr die Entsorgung durch die Wachsmotte. Bienenwachs puffert nämlich viele Wirkstoff ab, die auf verschiedenen Wegen das Bienenvolk erreichen können. Dies können Umweltschadstoffe, Pflanzenschutzmittel, Wachsmottenbekämpfungsmittel, Repellentien und Varroazide sein. Es kann große Wirkstoffmengen aufnehmen und sie dann langsam wieder abgeben. Im Rahmen der Wachsverarbeitung kann Wachs gemischt, optisch gereinigt und geschönt werden. Allerdings wird bei diesen Prozessen der Wirkstoffgehalt nicht beeinflusst. Also sind in den Mittelwänden alle Wirkstoffe wiederzufinden, die zuvor auch im Altwachs waren. Diese Wirkstoffe können über die bekannten Diffusionsprozesse die Honigqualität beeinflussen. Wenn

Das Abflammen treibt die chemischen Rückstände noch tiefer ins Holz.

man will, dass die Wachsqualität im eigenen Betrieb dem entspricht, was man selbst tut, ist es riskant, Mittelwände unbekannter Qualität zu kaufen.

Wann handelt es sich um ein Rückstandsproblem? Gibt es Obergrenzen?

Ab wann Rückstände in unseren Bienenprodukten ein Problem darstellen, hängt von der Betrachtungsebene ab. Sobald mit den heutigen, für den Laien unvorstellbar empfindlichen Messverfahren Rückstände von Pestiziden im Honig gefunden werden, muss man damit rechnen, dass ein Imageverlust für dieses Naturprodukt droht. Hier spielt der Umgang der Presse mit derartigen Daten eine große Rolle. Schnell wird diskutiert, ob der Verzehr eines Lebensmittels eine gesundheitliche Gefahr darstellen kann.

Eine entscheidende Rolle nimmt bei diesen Diskussionen der Begriff „zulässige Höchstgrenze" ein, der nur von wenigen Pressevertretern richtig verstanden wird. Dafür wird er aber umso

Der Freibau von Waben ohne Mittelwand, nur mit Anfangsstreifen, führt schnell zu einem großen Anteil Drohnenbau. Nur kleine Völker bauen wie hier ausschließlich Arbeiterinnenzellen.

häufiger missverständlich oder falsch gebraucht: nämlich als toxikologisch relevante Grenze, ab deren Überschreiten Gefahr für Leib und Leben bestehen soll. Dies stellt aber eine zulässige Höchstgrenze nicht dar, sondern sie ist vielmehr ein Orientierungspunkt für die Lebensmittelüberwachung, welche Rückstandswerte maximal in einem Lebensmittel erreicht werden können, wenn ein Präparat in der Landwirtschaft sachgemäß angewandt wurde.

Höchstgrenzen der Varroazide in Honig sind heute europaweit einheitlich geregelt (siehe Kasten). Für Bienenwachs gibt es europaweit keine festgelegten Höchstgrenzen. Deshalb propagieren wir in Hohenheim die Grenze von 1 mg/kg als anzustrebende Höchstbelastung, da höhere Gehalte im Wachs den Honig in Gefahr bringen können.

An der Landesanstalt für Bienenkunde der Universität Hohenheim werden seit 1988 Analysen in allen Bienenprodukten durchgeführt. Gleichzeitig besteht die Möglichkeit einer umfassenden Beratung. Details auf der Internetseite, siehe Seite 78.

▶ Rückstandhöchstwerte für Honig

Coumaphos (Perizin): 100 µg/kg
Amitraz: 200 µg/kg
Fluvalinat (Apistan) und Flumethrin (Bayvarol), organische Säuren (MS, AS, OS) und ätherische Öle (Thymol, Eucalyptol, Kampfer, Menthol) sind nicht limitiert.
Nicht messbar auftauchen dürfen z.B. Brompropylat (Folbex VA) und andere Wirkstoffe, die illegal eingesetzt werden. Hier gilt eine Nulltoleranz für Rückstände im Honig.

Rechtliches für Deutschland, Österreich und die Schweiz

Behandlungspflicht

In allen EU-Mitgliedsstaaten sowie in der Schweiz besteht seitens der Imker die Verpflichtung, Varroabehandlungen durchzuführen. In Deutschland gilt die Bienenseuchen-Verordnung vom 3. November 2004 (geändert 2005):

▶ **Schutzmaßregeln gegen die Varroatose**

§ 15

(1) Ist ein Bienenstand mit Varroamilben befallen, so hat der Besitzer alle Bienenvölker des Bienenstandes jährlich gegen Varroatose zu behandeln, soweit nicht eine Behandlung nach Absatz 2 angeordnet worden ist.

(2) Die zuständige Behörde kann, soweit es zum Schutz gegen die Varroatose erforderlich ist, anordnen, dass in einem von ihr bestimmten Gebiet innerhalb einer von ihr bestimmten Frist alle Bienenvölker gegen Varroamilben zu behandeln sind; sie kann dabei die Art der Behandlung bestimmen.

Um über die Behandlung einen Nachweis, z.B. für Rückfragen durch das Veterinäramt, zu haben, sollten alle Behandlungen in der Stockkarte vermerkt werden. Apothekenpflichtige Medikamente sind mit folgenden Angaben im Bestandbuch zu dokumentieren:

▶ Zuordnung zu jedem Volk.

▶ Wann wurde behandelt?

▶ Welches Medikament wurde eingesetzt?

▶ In welcher Dosierung wurde das Medikament verwendet?

Diese Daten sind fünf Jahre lang aufzuheben. Vordrucke finden Sie im Internet, z.B. unter www.apis-ev.de.

Zulassung

Die Zulassungssituation der hier beschriebenen Medikamente wurde ge-
schildert. Halten Sie sich auf dem Lau-
fenden (Internet, Imkerzeitung, Ver-
bandsinformationen), damit Sie Änderungen erfahren, denn „Unwissenheit
schützt nicht vor Strafe". Einige weitere
Informationen befinden sich auch in
den übrigen Kapiteln.

Öko-Richtlinie

Die Produktion von Bioprodukten, also
auch von Bio-Honig, ist grundlegend in
der EU durch die Verordnung (EWG)
Nr. 2092/91 vom 24. Juni 1991 über
den ökologischen Langbau und die entsprechende Kennzeichnung der landwirtschaftlichen Erzeugnisse und Lebensmittel geregelt. Wer sich hierüber
informieren will, sollte sich an einen
der Bioverbände wenden. Die Methoden zur Varroabekämpfung entspre-
chen den hier vorgestellten Prinzipien,
jedoch werden an die Umstellung von
„konventioneller" Imkerei auf „Bio-
imkerei" besondere Bedingungen
geknüpft.

Gesetzliche Bestimmungen für Honig (Auswahl)

▸ Lebensmittel- und Futtermittel Gesetzbuch

§ 5
Verbote zum Schutz der Gesundheit
(1) Es ist verboten, Lebensmittel für andere derart herzustellen oder zu behandeln, dass ihr Verzehr gesundheits-
schädlich (...) ist.
Abschnitt 10 Straf- und Bußgeldvorschriften

▸ Honig-Verordnung (Auszug)
Allgemeines
Honig ist der natursüße Stoff, der von
Honigbienen erzeugt wird (...). Die Un-
terschiede in Geschmack und Aroma
werden von der jeweiligen botanischen
Herkunft bestimmt. (*Kommentar F.
Pohl:* von Varroa-Bekämpfungsmitteln
als Rückstand oder Geschmacksstoff ist
hier nicht die Rede!)

§ 6
Straftaten und Ordnungswidrigkeiten
Kommentar F. Pohl: Wer den Honig
nach guter fachlichen Praxis herstellt
und in den Verkehr bringt, braucht diesen Paragrafen nicht zu fürchten.

Verordnung zur Durchführung von Vorschriften des gemeinschaftlichen Lebensmittelhygienerechts
vom 8. August 2007 (Auszug)

Nach § 2 Absatz 1 Satz 1 ist jede nachteilige Beeinflussung verboten und defi-
niert als eine „Ekel erregende oder
sonstige Beeinträchtigung der ein-
wandfreien hygienischen Beschaffen-
heit von Lebensmitteln, wie durch
Mikroorganismen, Verunreinigungen,
(...), Gerüche, (...) Rauch."

Im § 3 sind die allgemeinen Hygienean-
forderungen niedergelegt. Danach dürfen Lebensmittel nur so hergestellt, behandelt oder in den Verkehr gebracht
werden, dass sie bei Beachtung der im
Verkehr erforderlichen Sorgfalt der Gefahr einer nachteiligen Beeinflussung
nicht ausgesetzt sind.

§ 5 legt die Anforderungen an die Abga-
be kleiner Mengen bestimmter Primär-

erzeugnisse fest. Zu den Erzeugnissen gehört nach Absatz 2 Ziffer 1 unter anderem Honig. Kleine Mengen sind haushaltsübliche Mengen.

Gesetzliche Bestimmungen für Tierarzneimittel (Auswahl)

Gesetz über den Verkehr mit Arzneimitteln
(Auszug) (Arzneimittelgesetz) vom 12. Dezember 2005, geändert 2006 (...)

§ 2 Arzneimittelbegriff
(1) Arzneimittel sind Stoffe (...), die dazu bestimmt sind, (...) Krankheiten, Leiden, Körperschäden oder krankhafte Beschwerden zu heilen, zu lindern, zu verhüten oder zu erkennen (...), Krankheitserreger, Parasiten oder körperfremde Stoffe abzuwehren, zu beseitigen oder unschädlich zu machen (...).

§ 5   Verbot bedenklicher Arzneimittel
§ 13   Herstellungserlaubnis

▶ **Tipps zum Bienenkauf**

Lassen Sie sich beim Kauf schriftlich bestätigen, wann und mit welchem Varroamedikament die Völker behandelt wurden. Auslobungen wie „varroafrei" oder „frei von Varroabekämpfungsmitteln" sollten Sie hinterfragen: Wie, mit welchem Mittel oder welcher Methode wurde dies erzielt? Und lassen Sie sich auch dies schriftlich fixieren.

§ 21   Zulassungspflicht
§ 43   Apothekenpflicht, Inverkehrbringen durch Tierärzte
§ 57   Erwerb und Besitz durch Tierhalter, Nachweise
§ 58   Anwendung bei Tieren, die der Gewinnung von Lebensmitteln dienen
§ 95   Strafvorschriften
§ 96   Strafvorschriften
§ 97   Bußgeldvorschriften

Service

Adressen

Institute

Arbeitsgemeinschaft der Institute für Bienenforschung e.V., http://www.ag-bienen forschung.de

D-06099 Halle/Saale: **Martin-Luther Universität Halle-Wittenberg, Institut für Zoologie**, Tel. (0345) 552-6223, r.moritz@zoologie.uni-halle.de, www.biologie.uni-halle.de

D-14195 Berlin, **Freie Universität Berlin, Institut für Biologie/Zoologie**, Bienenforschung, Dr. Polaczek Tel. (030) 8385-6475, polaczek@zedat.fu-berlin.de

D-14195 Berlin, **Freie Universität Berlin, Institut für Biologie/Neurobiologie, Bienenforschung**, Fr. Dr. Rademacher, Tel. (030) 8385- 2847, radem@zedat.fu-berlin.de

D-15236 Frankfurt (Oder): **Landeslabor Brandenburg,** Standort Frankfurt (Oder), Fachbereich T2, Tel.: (0335) 5217-118, peterkutzer@llb.branden burg.de

D-19246 Bantin: **Bienenzuchtzentrum Bantin,** Tel.: (03 8851) 2 52 51, imker-mv@t-online.de

D-16540 Hohen Neuendorf: **Länderinstitut für Bienenkunde Hohen Neuendorf e.V.**, Tel.: (0 33 03) 29 38 30, info@honigbiene.de, www.honigbiene.de

D-23795 Bad Segeberg: **Schleswig-Holsteinische**

Imkerschule, Tel.: (0 45 51) 24 36, info@imkerschule-schleswigholstein.de, www.imkerschule-sh.de

D-28334 Bremen: **Universität Bremen, FB 2, Forschungsstelle für Bienenkunde**, Tel. (0421) 218-3459, dorothea.brueckner@uni-bremen.de, www.bienenkunde.uni-bremen.de

D-29221 **Celle: Niedersächsisches Landesamt für Verbraucherschutz und Lebensmittelsicherheit (LAVES), Institut für Bienenkunde Celle,** Tel.: (0 51 41) 9 05 03 40, info@bieneninstitut.de, www.bieneninstitut.de

D-35274 Kirchhain: **Landesbetrieb Landwirtschaft Hessen, Bieneninstitut Kirchhain,** Tel.: (0 64 22) 9 40 60 bieneninstitut@hdlgn.de, www.bieneninstitut-kirchhain.de

D-48147 Münster: **Landwirtschaftskammer Nordrhein-Westfalen Referat 41 Bienenkunde,** Tel.: (02 51) 2 37 66 62/63 Werner.Muehlen@lwk.nrw.de, www.landwirtschaftskammer.de/fachangebot/bienenkunde

D-52127 Bonn: **Universität Bonn, Institut für Nutzpflanzenwissenschaften und Ressourcenschut, Fachbereich Ökologie der Kulturlandschaft**, Tierökologie, Tel. (0228) 910 19-0, zoo.bee@uni-bonn.de, www.tieroekologie.uni-bonn.de

D-56727 Mayen: **DRL Westerwald-Osteifel Fachzentrum Bienen und Imkerei,**

Tel.: (02651) 9 60, poststelle.bienenkunde@dlr.rpl.de, www.bienenkunde.rlp.de

D-61440 Oberursel: **Institut für Biologie, FB Biowissenschaften der J.W.Goethe-Universität Frankfurt a.M.,** Tel. (06171) 21278, bienenkunde@em.uni-frankfurt.de, http://user.uni-frankfurt.de

D-70599 Stuttgart: **Landesanstalt für Bienenkunde an der Universität Hohenheim,** Tel.: (0711) 4 59 26 59, bienero@uni-hohenheim.de, www.uni-hohenheim.de/bienenkunde

D-88326 Aulendorf: **Staatl. Tierärztl. Untersuchungsamt Aulendorf Diagnostikzentrum, Bienengesundheitsdienst,** Tel.: (07525) 9 42-2 60, poststelle@stuaau.bwl.de, www.untersuchungsaemter-bw.de/aulendorf

D-97209 Veitshöchheim: **Bayerische Landesanstalt für Weinbau und Gartenbau** Fachzentrum Bienen, Tel.: (0931) 98 01-3 51, poststelle@lwg.bayern.de, www.lwg.bayern.de

D-38104 Braunschweig: **Biologische Bundesanstalt für Land- und Forstwirtschaft,** Institut für Pflanzenschutz in Ackerbau und Grünland, Untersuchungsstelle für Bienenvergiftungen, Tel.: (0531) 2 99-45 25, www.bba.de

D-79108 Freiburg: **Chemisches und Veterinäruntersuchungsamt Freiburg (CVUA),** Fachgebiet Bienen, Tel.: (0761) 15 02-1 41, wolfgang.ritter@cvuafr.bwl.de

A-Wien: **Österreichische Agentur für Gesundheit und Ernährungssicherheit GmbH., Institut für Bienenkunde**, Tel. 0043-(0) 50 55 53 33 (Dr. Moosbeckhofer), www.ages.at

CH-3003 Bern: **Schweizerisches Zentrum für Bienenforschung** Forschungsanstalt Agroscope Liebefeld-Posieux ALP, Schwarzenburgstrasse 161, Tel. +41 (0)31 323 84 18, http://www.alp.admin.ch

Andere Institutionen

D-76829 Landau: **Privatwissenschaftliches Archiv Bienenkunde** Tel.: (06341) 5 14 30 stever@uni-landau.de www.bienenarchiv.de

Verbände

Deutscher Imkerbund e.V. 53343 Wachtberg Tel.: (0228) 93 29 20 deutscherimkerbund@ t-online.de, www.deutscherimkerbund.de

Österreichischer Imkerbund (ÖIB) A-1010 Wien Tel. (01) 51 25 29 oesterr.imkerbund@aon.at, www.imkerbund.at

Schweizer Imkeverbände siehe Links unter: www.bienenwelt.ch/links.htm

Hersteller Bienenmedikamenten

Bestellung der Medikamente nur durch Apotheken, Tierärzte und Veterinärämter möglich

Andermatt BioVet GmbH –Deutschland – Stahlstrasse 5 D-88339 Bad Waldsee Tel. (07524) 9 76 67 90

Andermatt BioVet AG – Schweiz – Stahlermatten 6 CH-6146 Grossdietwil Tel. 0041-(0) 62 17 51 10 www.biovet.ch www.andermatt-biovet.de www.oxuvar.com www.thymovar.com www.varrox.com

Serumwerk Bernburg AG Hallesche Landstraße 105 b 06406 Bernburg/ Saale Tel. (03471) 8 60-0 www.serumwerk.com

Quellen

Die Autoren haben eine große Anzahl an deutsch- und englischsprachigen Quellen verwendet, die Sie im Internet unter der Adresse www.friedrich-pohl.de herunterladen können. Sie können auch direkt bei den Bieneninstituten auf den Internetseiten nachsehen. Das Celler Bieneninstitut bietet einen kostenlosen Informationsdienst per E-Mail und bietet eine Vielzahl von Downloads. Letzteres ist bei verschiedenen Instituten der Fall, insbesondere beim Schweizerischen Zentrum für Bienenforschung (Bern-Liebefeld). Das Surfen lohnt sich!

Zum Weiterlesen

Weitere Bücher des Autors bei KOSMOS:

Pohl, Friedrich: **Bienenkrankheiten**. Vorbeugung, Diagnose und Behandlung. 2005 Das Standardwerk beschreibt ausführlich die wichtigsten Bienenkrankheiten sowie Diagnose und Behandlungsmöglichkeiten durch den Imker.

Pohl, Friedrich: **1 x 1 des Imkerns**. 2003 *„Vereine und Verbände sollten im Rahmen ihrer Nachwuchswerbung und Jungimkerbetreuung dieses Buch denjenigen, die sich für die Bienenhaltung interessieren oder bereits mit ihr angefangen haben, in die Hand geben".* Dr. E. Schieferstein, Präsident des Deutschen Imkerbundes e.V.

Personalia

Dr. rer. nat. Pia Aumeier: Ruhr-Universität Bochum, AG Verhaltensbiologie und Didaktik.

PD Dr. rer. nat. Elke Genersch: Molekulare Mikrobiologie und Bienenkrankheiten, Länderinstitut für Bienenkunde Hohen Neuendorf

Dr. rer. nat. Werner von der Ohe, LAVES Bieneninstitut Celle (Institutsleiter)

Dr. rer. nat. Friedrich Pohl, Lebensmittelüberwachungs-, Tierschutz- und Veterinärdienst des Landes Bremen

Dr. sc. agr. Klaus Wallner: Landesanstalt für Bienenkunde der Universität Hohenheim

Dank

Ein Buch über ein komplexes Thema wie die Varroose entsteht nicht im stillen Kämmerlein – die Hintergrundinformationen habe ich mir über viele Jahre im Rahmen von Studium, Bienentagungen und intensiven Gesprächen mit KollegInnen aus den Bieneninstituten und mit ImkerInnen angeeignet. Dabei sind immer wieder Korrekturen an vermeintlich feststehenden Fakten notwendig – ein ständiger Prozess der Wissensbildung. Ich möchte hiermit allen Menschen, die an diesem Prozess beteiligt waren und sind, ganz herzlich danken.

Dr. Werner von der Ohe danke ich für das Vorwort und den Beitrag. Auch die Mitautorinnen Dr. Pia Aumeier und Dr. Elke Genersch und der Autorenkollege Dr. Klaus Wallner haben dieses Buch mit ihrem Wissen bereichert, wofür ich allen an dieser Stelle nochmals danken möchte. Der Dank gilt auch den hilfsbereiten Kollegen Dr. Jean-Daniel Charriere, Dr. Rudolf Moosbeckhofer, Dr. Christoph Otten, Jens Radtke und Margret Rieger.

Bei der Buchentstehung haben mir Hans Puckhaber, Dr. Traudl Küppers und Jan Wübbena mit Ihrer Kritik weitergeholfen. Die fleißige Biene Gerda Menkens hat ebenfalls dankenswerter Weise mitgeholfen.

Die Bildautoren, die im Bildnachweis einzeln genannt sind, haben dieses Buch mit der Zurverfügungstellung ihres Bildmaterials sehr bereichert. Sie hatten das Glück, im richtigen Moment den Auslöser des Fotoapparates zu drücken, um so wichtige Motive der Nachwelt zu erhalten. Ich bedanke mich dafür. Mein „Hausgrafiker" Karsten Elze hat dankenswerterweise komplexe Sachverhalte sehr informativ und optisch eindrucksvoll umgesetzt. Gesche Trötschel hat einige Fotos am Computer aufgepeppt – auch ihr gilt mein Dank.

Meine Lieben, die mich im Alltag umgeben, haben unter der Buchproduktion am meisten gelitten. Ich danke für die Geduld und Unterstützung. Ebenso danke ich allen übrigen hier nicht genannten Mitmenschen für ihre Unterstützung.

Dem Kosmos Verlag, insbesondere Frau Salata, danke ich für die Anregung zu diesem Buch und für die freundliche Betreuung.

Register

Bildnachweis

Farbfotos von Dr. Pia Aumeier (S. 1,
S. 6 (4)), Dr. F. Neumann (S. 5), Tabea
Pocher (Jungforscherin) und Herrn
Schütte (FH Oldenburg Ostfriesland,
Wilhelmshaven, Standort WHV) (S. 9
(5)), Dr. Michael J. Traynor (S. 4 ©Tray-
nor), Dr. Werner von der Oheo(S. 6
oben). Alle weiteren Fotos von Dr.
Friedrich Pohl.

Illustrationen von Karsten Elze
(S. 10, S. 13, S. 21, S. 29 (2), S. 31)

Alle Angaben in diesem Buch erfolgen
nach bestem Wissen und Gewissen.
Sorgfalt bei der Umsetzung ist indes
dennoch geboten. Der Verlag und der
Autor übernehmen keinerlei Haftung
für Personen-, Sach- oder Vermögens-
schäden, die aus der Anwendung der
vorgestellten Materialien und Methoden entstehen könnten.

Impressum

Umschlag von eStudio Calamar unter
Verwendung von 4 Farbfotos von Dr.
Pia Aumeier (großes Motiv Umschlag-
vorderseite und Umschlagrückseite)
und Dr. Friedrich Pohl (kleines Motiv
Umschlagvorderseite).

Mit 136 Farbfotos und
6 Farbillustrationen

Unser gesamtes lieferbares Programm und
viele weitere Informationen zu unseren Büchern,
Spielen, Experimentierkästen, DVDs, Autoren und
Aktivitäten finden Sie unter **kosmos.de**

MIX
Papier aus verantwor-
tungsvollen Quellen
FSC
www.fsc.org   FSC® C005833

Gedruckt auf chlorfrei gebleichtem Papier

© 2008, Franckh-Kosmos Verlags-GmbH & Co. KG, Stuttgart
Alle Rechte vorbehalten
ISBN 978-3-440-11233-5
Redaktion: Claudia Salata, Rebecca Stahlberg
Gestaltung: TypoDesign, Kist
Produktion: Eva Schmidt
Printed in The Czech Republic / Imprimé en République Tchèque

KOSMOS.
Wissen aus erster Hand.

Völkerpflege und Ablegerbildung

Die Pflege seiner Bienenvölker macht den größten Teil der Arbeit eines jeden Imkers aus. Denn nur starke, gesunde Völker versprechen auch einen guten Honigertrag. Mit den hier vorgestellten modernen, zeitsparenden Arbeitsmethoden wie der Bildung von Ablegern, Schwärmen und Kunstschwärmen und der integrierten Bekämpfung von gefürchteten Bienenkrankheiten wie der Varroose kann jeder Imker vitale Völker aufbauen.

Friedrich Pohl | Moderne Imkerpraxis
128 S., 115 Abb., €/D 19,95
ISBN 978-3-440-12059-0

Für gesunde Bienenvölker

Varroose, Faulbrut und andrere Krankheiten – Dr. Friedrich Pohl beschreibt ausführlich Krankheitssymptie und einzelne Behandlungsschritte. Auch rechtliche Grundlagen wie Anzeigepflicht und Medikamentenverordnung werden behandelt.

Friedrich Pohl | Bienenkrankheiten
204 S., 217 Abb., €/D 19,95
ISBN 978-3-440-10407-1

kosmos.de

Preisänderung vorbehalten

Andermatt
BioVet GmbH

Stahlstrasse 5
DE-88339 Bad Waldsee
Tel. 07524 976 67 90
Fax 07524 40 15 40
www.andermatt-biovet.de info@andermatt-biovet.de

Natürliche Varroabekämpfung

THYMOVAR®
Bienenarzneimittel gegen die Varroa mit Thymol

OXUVAR®
Bienenarzneimittel gegen die Varroa mit Oxalsäure

LIEBIG-DISPENSER
Zur Bekämpfung der Varroa mit Ameisensäure